AF495384

V

ENCYCLOPÉDIE

POPULAIRE,

OU

LES SCIENCES, LES ARTS

ET LES MÉTIERS

MIS A LA PORTÉE DE TOUTES LES CLASSES.

L'instruction mène à la fortune
et conduit au bonheur.

Les contrefacteurs seront poursuivis selon toute la rigueur de la loi.

Extrait du Code pénal.

Art. 425. Toute édition d'écrits, de composition musicale, de dessin, de peinture ou de toute autre production, imprimée ou gravée EN ENTIER OU EN PARTIE, au mépris des lois et règlemens relatifs à la propriété des auteurs, est une contrefaçon, et toute contrefaçon est un délit.

Art. 427. La peine contre le contrefacteur, ou contre l'introducteur, sera une amende de cent francs au moins et de deux mille francs au plus, et contre le débitant, une amende de vingt-cinq francs au moins et de cinq cents francs au plus.

La confiscation de l'édition contrefaite sera prononcée tant contre le contrefacteur que contre l'introducteur et le débitant.

Les planches, moules ou matrices des objets contrefaits seront aussi confisqués.

MANUEL

DU MARCHAND

PAPETIER,

Dans la préparation des Plumes à écrire, des Encres Noires, de Couleurs, de la Chine, de celle propre à marquer le linge, etc.; des Cires et Pains à cacheter, des Colles à bouche et autres; des Crayons, de la Sandaraque, des Sables de couleur, du Papier-glace et des différens Papiers à calquer; des Papiers glacés, huilés, à dérouiller, etc., etc.; suivi d'un Tableau de tous les formats de papier, avec leurs mesures.

PARIS,
AUDOT, ÉDITEUR,
RUE DES MAÇONS-SORBONNE, N° 11.
1828.

IMPRIMERIE DE A. HENRY,
RUE GIT-LE-COEUR, N° 8.

PRÉFACE

Il n'existe pas, je crois, de Traité spécial sur les parties qu'on appelle vulgairement *Fournitures de Bureax*. Cette lacune n'est pas due à l'inutilité d'un pareil travail, mais plutôt à la difficulté que l'on éprouve lorsque l'on veut réunir dans un seul cadre, les divers documens qui doivent composer un semblable ouvrage. La fabrication de chaque objet constitue, en effet, une industrie particulière dont quelques personnes se sont arrogées le monopole, parce qu'elles conservent avec soin *les secrets du métier*. C'est ainsi que le célèbre Conté a concentré chez lui la fabrique des Crayons français; ma remarque, d'ailleurs, ne peut être applicable à ce savant, car s'il existe un privilége bien acquis, c'est celui du talent, et on ne peut contester que nous devons à Conté, et les procédés premiers, et les progrès de la fabrication des Crayons; mais en est-il de même pour ceux qui préparent les Cires et Pains à cacheter, les Sables, etc., non; et pourquoi chaque marchand papetier, ne pourrait-il établir des fabriques qui donnent à ceux qui les possèdent une aisance honorable? Ce recueil a donc pour but de guider ceux qui voudraient se livrer à ce genre d'opérations, on conçoit qu'il a fallu réunir les procédés connus, faire de nombreuses recherches; puisse le public qui a déjà apprécié le soin consciencieux qui préside à la composition des volumes de l'Encyclopédie Populaire, ne pas trouver ceux-ci indignes d'occuper leur place, à côté de ceux qui ont déjà paru.

Est-il besoin de dire que tous les marchands papetiers ont besoin du Livre que nous publions; sans doute, nous apprendrons peu à celui qui est, depuis son jeune âge, dans ce commerce; mais, surtout dans les Provinces, en est-il ainsi de tous les marchands papetiers. Aujourd'hui, les professions sont libres, et combien de personnes font l'achat d'un fond de marchand papetier, sans connaître même d'une manière superficielle, les détails pratiques de cette industrie. Je puis affirmer qu'un marchand papetier auquel je me suis adressé pour connaître les prix actuels des Pains à cacheter, m'a répondu qu'il l'ignorait complétement, qu'il n'avait même aucune idée de cette fabrication, et qu'il lui suffisait de savoir à peu près la quantité qu'il devait donner pour une somme déterminée; c'est aussi pour ceux qui sont dans cette position que cet opuscule a été composé; on peut ignorer les détails pratiques d'une profession à laquelle on est étranger; mais dans ce siècle, il faut connaître, non seulement pour sa propre satisfaction, mais aussi dans son intérêt, tout ce qui se rattache à l'industrie qu'on exerce.

L'ordre a suivre était clairement indiqué; les Plumes, les Crayons, les Encres, les Cires et Pains à cacheter, les Sables et Colles, les Papiers forment autant de sections particulières qui se subdivisent plus ou moins, selon l'importance du sujet.

MANUEL

DU

MARCHAND PAPETIER.

INTRODUCTION.

Les hommes n'eurent pas plus tôt trouvé l'art admirable de se communiquer leurs idées par des figures, qu'il fallut choisir des matières *(papier)* pour y tracer ces caractères : indiquer ici les diverses modifications ou perfectionnemens apportés dans la fabrication de ce produit, serait dépasser les bornes qui nous sont imposées par la nature même de notre travail ; il nous suffira de remarquer que la consommation du papier ayant augmenté avec ce besoin d'instruction qui caractérise les peuples civilisés, on a subdivisé depuis longtems la profession de papetier en deux parties distinctes : 1° le fabricant ; 2° le marchand de papier. La première de ces professions nécessite des données pratiques très-étendues ; les progrès qu'elle a faits dans ces derniers tems sont immenses ; et même plusieurs améliorations récentes, mais qui n'ont pas encore reçu la sanction de l'expérience, paraissent devoir changer tellement le mode de fabrication, qu'un Traité spécial sur la papeterie serait peut-être en ce moment un ouvrage prématuré.

Le marchand de papier est, comme je l'ai dit, celui qui, sans avoir souvent des idées bien exactes sur la préparation de ce produit, le reçoit des fabriques, lui fait subir quelquefois de légers changemens dans sa forme, etc., etc., et le débite ainsi au public. Cette profession qui semble au premier aperçu demander peu de connaissances, nécessite cependant quelques données que l'usage ou la pratique indique, mais qu'un livre ne peut enseigner ; ces données sont d'ailleurs tellement liées à la fabrication, qu'il est pour ainsi dire impossible de les isoler : notre but n'est donc pas de les relater, nous exposerons en peu de mots quelques-unes de ces données dans la septième Section de ce Traité : remarquons toutefois que ces indications ne seront pas complètes, parce que nous avons seulement voulu, comme l'indique notre titre, donner au marchand de papier un guide dans la fabrication des objets accessoires qu'il joint depuis long-tems à son commerce : ces objets dits *fournitures de bureaux*, ou employés par les dessinateurs, les architectes et généralement par tous ceux qui cultivent les arts graphiques, sont les plumes, les crayons, les encres, les colles, etc., etc. Notre travail se subdivise donc naturellement en Sections distinctes :

1°. des plumes,
2°. — crayons,
3°. — encres,
4°. — cires et pains à cacheter,
5°. — sables, colles, pinceaux, etc.
6°. — divers papiers colorés et à calquer.

Nous joindrons une septième Section qui donnera le tableau des diverses formes de papiers avec leurs mesures.

SECTION PREMIÈRE.

DES PLUMES.

—

La nature s'est plu à orner plusieurs espèces d'oiseaux de couleurs aussi vives que durables, aussi agréablement variées qu'élégamment nuancées : elle a placé sur leurs têtes des huppes, des aigrettes, des panaches de mille formes différentes; elle a répandu sur les plumes l'éclat de l'or et de l'argent; et sur cette riche composition, elle a jeté un vernis qui en rend l'effet encore plus brillant; l'art a su mettre en œuvre ces magnifiques dépouilles des oiseaux et le plumassier est l'ouvrier qui apprête et vend des plumes fines et précieuses qui servent à la parure des hommes et des femmes; cet artiste ne tient aucun compte du tuyau de la plume; c'est l'inverse pour le fabricant de plumes à écrire, car tous mes lecteurs savent probablement que les plumes qui servaient aux *Racine* et aux *Rousseau*, étaient de même nature que celles employées par les *Trissotins*, c'est-à-dire étaient le tuyau d'une plume d'oie.

Le plumassier met en œuvre les plumes de *héron*, de *paon* et surtout d'*autruche*, tandis que l'apprêteur de plumes à écrire fait usage de plumes d'*oie*, de *canard*, de *corbeau*, etc.

Le marchand de papiers doit avoir des notions exactes 1° sur la préparation des plumes à écrire, 2° sur les moyens de distinguer *à priori* les diverses qualités de plumes que l'on trouve dans le commerce. Ces considérations indiquent l'ordre que nous adoptons dans l'exposé qui va suivre.

Préparation des Plumes.

Considérées comme moyens pour l'écriture, les plumes d'oie sont les plus estimées. Je décrirai le procédé usité à Paris pour la préparation de ces plumes et je noterai ensuite les légères différences que présente cette même opération pour les autres plumes.

Lorsqu'on a retiré les plumes de l'animal, on sépare celles qui appartiennent à l'aile droite de celles de l'aile gauche ; cette séparation facilite de beaucoup la manutention : on dispose chaque paquet par *bottes*, ou comme les ouvriers l'indiquent, par *comptes*, lesquels comprennent un nombre de plumes qui peut varier de 100 jusqu'à 1000 : l'opération se divise ensuite en deux tems, 1° le *mouillage* ou plutôt le *trempage*, 2° *le passage au sable chaud*.

Du Mouillage.

Toute cette opération s'exécute dans une cave parce que l'humidité la facilite et conséquemment rend les plumes plus flexibles : on dispose un baquet d'une capacité voulue et contenant de l'eau de puits ou de fontaine ; on trempe les plumes jusqu'au haut du tuyau ; on les laisse séjourner deux ou trois heures, on les retire et on les place sur le sable de la cave ; le lendemain la même manœuvre se renouvelle en ayant soin de ne plonger la plume que jusqu'à la moitié du tuyau : lorsque cette immersion et cette exposition sur le sable (toujours dans la cave) a été répétée pendant huit jours en immergeant le dernier jour jusqu'au haut du tuyau, les plumes ont acquis un grand degré de flexibilité, se compriment très-facilement sous les doigts, et sont prêtes à être passées au sable chaud, ce qui se fait de la manière suivante :

Passage des Plumes au Sable chaud.

L'appareil nécessaire est une terrine M, et un fourneau N; la terrine, qui a de 20 à 24 pouces de diamètre, est semblable à celle que l'on emploie dans les ménages pour faire ce que l'on appelle de petits savonnages : cette terrine reçoit jusqu'au deux tiers de sa capacité, du sable qui supporte un fourneau dont on voit la disposition (*fig.* 1).

Ce fourneau est un prisme rectangulaire en fer battu très-mince, de 10 pouces de long, sept pouces de large et de 5 pouces et demi de profondeur, garni de sa grille BB, de son couvercle CC, et présentant aux coins inférieurs, des pieds AAAA, de 4 pouces de long et qui enfoncent de la moitié de leur longueur (2 pouces) dans le sable de la terrine : on conçoit par conséquent que, lorsque le fourneau est placé dans le sable au centre de la terrine, il reste un espace de 2 pouces entre la surface du sable et la surface inférieure du fourneau, c'est dans cet espace (et dans le sable) que l'on immerge les plumes : ces dernières sont divisées en *comptes* de vingt-cinq; on les passe rapidement dans le sable en les agitant pour ne pas les brûler : on les retire de cette première immersion avec la main gauche; on les dispose sur le genou du même côté, et, avec un couteau préparé pour cette opération, c'est-à-dire qui ne raye ni ne coupe, et qui est tenu de la main droite, on presse fortement les vingt-cinq plumes pour ôter la première graisse qui sort facilement, en ayant soin toutefois de ne pas endommager le tuyau des plumes : on continue ensuite à passer dans le sable chaud sept à huit fois, plus ou moins, c'est-à-dire jusqu'à ce que la plume soit cuite : on passera d'ailleurs son compte de vingt-cinq sur le genou, l'on essuiera fortement avec un linge, et si tout ce *passage* est fait avec promptitude, bien gouverné, il amènera toute espèce de plume à cet état de dureté qui les fait rechercher pour l'écriture.

L'apprêteur compose ensuite les liens à sa manière ; mais en général il adapte les plus beaux liens aux plus belles plumes, et le nombre de ces liens mesure même la qualité parmi les plus belles. Ainsi on distingue dans le commerce les plumes, 1° à la couleur du lien ; 2° au nombre de tours que la ficelle forme autour du paquet. Rien n'est plus facile que de teindre les diverses ficelles qui servent aux liages des paquets:

cette ficelle est mise en ébullition dans une eau contenant une petite proportion d'alun, elle est ensuite portée dans le bain à teindre qui est ordinairement, 1° une forte décoction de bois de *Brésil* ou de *garance*, pour les *rouges*, 2° de *gaude*, pour les *jaunes*, etc.

Des Qualités des Plumes.

Les plumes de Hollande tiennent le premier rang; cette préférence est presque totalement due à leur bonne qualité; mais on doit ajouter à ce motif la beauté de leur *panachure* qui est, en général, d'un blanc pur: on les vend à l'once, elles s'achètent brutes et quelquefois au nombre, au prix de 10 francs le cent, mais ce prix peut varier, puisqu'en tems de guerre on les a payées jusqu'à 50 fr. le cent.

Les plumes du nord sont après celles de Hollande; on distingue celles du Danemarck. La panachure des plumes du nord est ordinairement d'un blanc sale, assez souvent noire; elles se vendent de la même manière que les précédentes. Les plumes de France étant moins solides, moins compactes ou plus poreuses que celles du nord, se déchirent plutôt qu'elles ne se fendent:

les apprêteurs les achètent à la livre au prix de 2 fr. et 3 fr. Les plumes préparées à Orléans, sont les plus estimées, et rivalisent souvent avec celles de Hollande.

Les plumes de *cygne* se préparent comme les plumes d'oie.

Les plumes de *corbeau* se passent sept à huit fois à sec dans le sable, et se pressent comme nous l'avons vu plus haut.

Les plumes de *canard* sont de bonne qualité, et assez dure pour rivaliser avec celles de corbeau; elles ne sont pas généralement appréciées ce qu'elles valent, et vraisemblablement leur petitesse est la cause de ce discrédit.

On prépare des plumes *blanches* dites à la *façon de Hambourg :* il y a quelques amateurs qui en demandent; elles se préparent comme celles de corbeau, c'est-à-dire à sec. Cependant on préfère dans le commerce celles qui sont préparées à l'eau, parce qu'elles sont plus claires et plaisent davantage aux acheteurs; mais les plumes préparées à sec sont plus dures.

Des Plumes Métalliques.

Comme tous les objets de fantaisie, les plumes métalliques ont eu leur vogue;

mais dans l'opinion des écrivains (juges naturels dans une pareille question), elles ont depuis long-tems perdu la majeure partie de leur mérite; aussi sont-elles peu demandées, et je ne les cite ici que pour mémoire: la fabrication de ces plumes n'appartient, d'ailleurs, en aucune manière au marchand de papiers; mais il me paraît impossible de terminer cet article sans rappeler ici une invention très-simple et cependant fort ingénieuse, connue sous le nom d'*encriers-plume* et dont voici la description. (*Voyez fig.* 2 et 3.)

Cet instrument contient de l'encre pour écrire dix ou douze heures de suite sans avoir besoin de la renouveler; on peut le construire en or, en argent, en plaqué ou même en cuivre et y adapter un bec de métal ou de plume ordinaire que l'on trouve tout préparé. Voici la manière de s'en servir.

On enlève d'abord l'étui ou couvercle E qui recouvre le bec de la plume D afin de le garantir de tout accident, et on place cet étui à l'autre extrémité de l'instrument; ensuite on pousse un petit verrou A, position indiquée par la *fig.* 4, qui ouvre la communication avec le réservoir; en poussant alors légèrement avec le pouce sur le bouton saillant B, on fait sortir l'encre qui est ainsi versée dans le bec de la plume.

Pour remplir d'encre l'instrument, on enlève le couvercle E, et on retire le bouchon de liége C, alors une petite portion d'encre sortira, mais cela est nécessaire pour chasser entièrement l'air renfermé dans le tube : on remplit ce tube, on remet le bouchon de liége, le couvercle, et alors l'instrument est prêt à servir : lorsqu'on n'en fait plus usage, on ferme le robinet A, et on replace le couvercle E.

La *fig.* 1 représente un de ces instrumens auquel on a ajouté en plus un crayon F.

Droit sur les Plumes à leur entrée en France.

1°. Brutes, même celles de corbeau.	par navires français, 40 f. pour 100 kil. par navires étrangers et par terre, 44 f.

2°. Apprêtées, 120 à 128 fr. 50 cent. pour 100 kilogrammes.

SECTION II.

DES CRAYONS.

—

On distingue sous ce nom des substances terreuses, naturelles ou artificielles, colorées ou non, et qui sont employées dans presque tous les arts graphiques. Cette partie forme une branche de commerce assez importante pour le marchand de papier : il existe trois sortes principales de crayons.

Les crayons dits *gris* ou en *mine de plomb*.

Les crayons dits *crayons noirs*.

Les crayons colorés dits *crayons-Pastel*.

Les premiers sont plus spécialement employés dans les bureaux, par les architectes, etc. ; les deux autres servent à dessiner le modèle, les rondes-bosses et la miniature.

Des Crayons Mine de plomb.

La *Plombagine* ou *Graphite* (*) qui forme la base de ces crayons, n'est pas, comme son nom semble l'indiquer, un composé de plomb uni à quelqu'autre matière. Les chimistes ont démontré que cette substance, qu'ils appellent *carbure de fer*, est due à une réaction naturelle du charbon sur le fer : les proportions des deux élémens que nous venons de citer sont à peu près les suivantes :

Charbon...............	96
Fer..................	4
Plombagine............	100

Et même, selon quelques auteurs, cette plombagine ne serait que du charbon, dont les principales propriétés sont modifiées par la petite quantité de fer qu'elle renferme.

(*) Crayon noir; mine de plomb noir (*black-lead* des Anglais.)

Cette substance, qui est l'ingrédient souvent unique, et, dans tous les cas, le plus nécessaire et le plus abondant dans la fabrication des crayons gris, se trouve, en Espagne, dans l'Andalousie; en France, dans les Pyrénées, les Alpes; dans le Piémont, la Calabre, la Bohême, etc.; mais dans ces différens lieux elle n'occupe guère que de petites veines ou poches, dans le granit, les schistes micacés et le calcaire granuleux, tandis qu'en Angleterre, principalement dans le *Cumberland*, le carbure de fer existe en masses considérables, et d'une grande pureté: c'est à *Borrowdale* qu'on trouve les bancs d'une exploitation plus avantageuse, et il existait, en Angleterre, des règlemens qui prohibaient l'exploitation de cette mine, sous des peines très-sévères.

Jusque vers la fin du dernier siècle, on employait partout le même procédé pour la fabrication de ces crayons, on les confectionnait avec de la plombagine sciée en parallélipipèdes allongés, et renfermée dans des enveloppes de bois de cèdre : à cette époque, un crayon de bonne qualité était assez rare : les anglais ont conservé long-tems leur supériorité dans cette partie; mais aujourd'hui, les procédés introduits par feu *Conté* nous ont permis de rivaliser avec eux, et si nous ne les avons pas surpassés, au moins peut-on affirmer que si l'on veut mettre à un crayon le prix nécessaire, on a des crayons français d'une qualité égale à celle des meilleurs crayons anglais : cette supériorité de nos voisins résultait sans doute du soin et de la fidélité scrupuleuse qui présidait à leur fabrication ; mais on doit aussi l'attribuer en grande partie à la plus belle qualité de leur plombagine qu'ils trouvent en abondance dans le Cumberland. En 1795. Conté, dont le nom est aujourd'hui si connu, s'occupa de la recherche des procédés pour faire des crayons artificiels, il réussit parfaitement, et la fortune la plus honorablement acquise fut le fruit de son industrie. Conté est encore aujourd'hui le meilleur guide que l'on puisse prendre dans cette fabrication, et nous ne saurions donner une idée plus exacte de ses procédés qu'en rapportant ici une description succincte du brevet qui lui fut délivré.

« L'argile bien pure, c'est-à-dire celle » qui contient le moins de matière calcaire, » de silice, etc., est, dit-il, la matière que » j'emploie pour donner de l'aggrégation » et de la solidité à toutes sortes de » crayons : on sait que cette terre a la

» propriété de diminuer de volume et de » se durcir en raison directe des degrés de » chaleur qu'elle éprouve, c'est d'après » cette propriété que j'ai cru pouvoir l'em- » ployer comme matière *solidifiante* de » toutes sortes de crayons. Le succès a ré- » pondu à mon attente, et je suis par- » venu à en faire d'artificiels qui peuvent » remplacer et surpasser même, à quel- » ques égards, ceux qui nous venaient » d'Angleterre ; je suis même venu à bout » de leur donner le degré de dureté et de » solidité convenable, en variant les pro- » portions d'argile et le tems de la cuisson. »

Préparation de l'Argile.

« On délaye dans de grands baquets, » avec de l'eau de rivière, une assez grande » quantité de l'argile ci-dessus indiquée ; » lorsqu'elle est bien délayée, on y ajoute » une quantité d'eau proportionnée ; on » remue bien le tout et on le laisse reposer » pendant deux minutes environ : le fond » du baquet qui contient cette argile doit » être élevé de $0^{m},60$ environ ; on place » un autre baquet $0^{m},60$ plus bas, et l'on » transvase avec un syphon l'eau ainsi » troublée, ayant attention que la branche

» de syphon qui fait la succion ne soit ja-
» mais enfoncée plus de 0,08 cent. dans
» l'eau. Quand elle commence à paraître plus
» trouble, on arrête l'écoulement, on met
» dans le baquet supérieur, de nouvelle
» eau, jusqu'à ce qu'on ait une assez
» grande quantité d'eau trouble ainsi trans-
» vasée.

» Le dépôt se fait lentement, mais en-
» fin l'eau se clarifie; on tire toute l'eau
» claire avec un syphon, et l'on met toute
» l'argile qui se trouve au fond sur une
» toile propre, tendue par les quatre coins,
» où elle se dessèche : elle est alors en état
» d'être employée.»

Préparation de la Plombagine (carbure de fer) *naturelle.*

« On pile ce minéral dans un mortier
» de fer; lorsqu'il est réduit en poussière,
» on le met dans un creuset et on le fait
» rougir presque jusqu'au blanc : l'action
» du feu lui donne une qualité que sans
» elle il ne pourrait obtenir; elle lui
» donne plus de brillant, plus de douceur;
» elle empêche que, se mêlant avec l'ar-
» gile, il ne se fasse une altération inévi-
» table dans le cas contraire.

» Cette substance minérale ainsi calci-
» née, est propre à être mêlée avec l'ar-
» gile ; ce mélange peut s'effectuer en doses
» différentes. Moins on met d'argile,
» moins on fait cuire les crayons, plus il
» seront tendres ; plus on emploie d'argile
» relativement au carbure, plus ils sont
» fermes ; enfin ils pourraient, dans le pre-
» mier cas, se réduire en poussière, et,
» dans l'autre, acquérir tant de dureté,
» qu'ils ne marqueraient plus ; ainsi on
» sent qu'il faut tenir un juste milieu.

» Je dois maintenant exposer la manière
» de préparer la pâte qui sert à former ces
» crayons. Lorsque les matières sont pas-
» sées exactement, on mêle un peu d'ar-
» gile avec le carbure, et l'on broye le mé-
» lange jusqu'à ce qu'il soit réduit en une
» pâte extrêmement fine. Pour s'assurer
» s'il est assez broyé, on fait cuire un peu
» de cette pâte ; si en la taillant, on aper-
» çoit des grains de mine, le but est man-
» qué ; s'il en existe encore, il faut broyer
» de nouveau jusqu'à ce qu'il n'en existe
» plus ; on y mêle ensuite le reste de l'ar-
» gile qui avait été pesée, et l'on recom-
» mence à broyer jusqu'à ce qu'on n'en-
» tende plus la molette : il faut alors que
» cette pâte, qui est très-liante, soit très-

» épaisse ; il suffit qu'elle puisse se manier. » On en forme une boule que l'on met » sous une cloche de verre posée sur un » plat rempli d'eau, ayant soin de la pla- » cer sur un support qui la sépare de l'eau.»

Préparation que doit subir la Pâte pour faire des Crayons.

» Le premier moyen consisterait à en » faire un solide que l'on ferait cuire et » que l'on débiterait, à l'imitation des An- » glais, en lames minces, propres à être » introduites dans le bois ; mais outre que » ce moyen serait long, difficile et dispen- » dieux, il aurait de plus l'inconvénient » d'émousser promptement les scies, et de » réduire beaucoup de matières en pous- » sière.

» Cet inconvénient m'a suggéré un au- » tre moyen que je crois préférable à tous » égards ; et sans m'arrêter à celui que les » anglais ont été forcés d'adopter, parce » qu'ils ne sont pas maîtres de choisir, » ayant à traiter une matière solide et non » une pâte, j'ai pensé qu'en formant des » plaques et en les faisant cuire, je m'é- » pargnerais beaucoup de travail. Il est » possible, en effet, de faire cette cuite sans

» que les plaques se gauchissent, et sans » que rien empêche leur placement dans » les montures en bois. Le succès de ce » moyen est certain; mais l'expérience » m'en a fait connaître un plus simple et » plus court.

» On fait dans une plaque de bois de » petites rigolles semblables aux barreaux » qui forment les crayons, d'un volume et » d'une longueur plus grands à cause du » retrait. On a soin de faire bouillir dans » du suif, le morceau de bois portant les » cannelures, afin d'empêcher la pâte de » s'y attacher; on prend ensuite de cette » pâte avec une spatule, et l'on en rem- » plit les creux en pressant fortement; on » recouvre toutes les rainures avec une » plaque de buis également bouillie dans » le suif; on la serre fortement avec une » ou deux vis, et on laisse sécher le tout » dans cet état. Comme l'air de l'atmosphère » ne peut toucher la pâte que par les » bouts, ceux-ci sèchent les premiers, se » détachent des cannelures en diminuant » de volume, et, peu à peu, l'air circule » dans toute la longueur. On met ensuite » le moule dans un four médiocrement » chaud où les barreaux finissent de se » dessécher. Quand ils sont à ce point, on

» retire le moule et on le vide sur une » table garnie de draps ; on voit alors tous » les barreaux qui doivent former les » crayons, la majeure partie est d'un seul » morceau, quelques-uns sont en deux ; » mais tous sont parfaitement droits, point » bien essentiel et très-important.

» Pour donner de la solidité à ces » crayons, on les place perpendiculaire- » ment dans un creuset ; lorsqu'il en est » rempli, on jette dessus de la poussière » de charbon, environ deux pouces d'é- » paisseur, ou du sable fin, ou de la cen- » dre tamisée : toutes ces matières pro- » duisent un bon effet. On met un couver- » cle sur le creuset, et on le lutte avec de » l'argile, de la craie ou quelques autres » substances capables de résister à un » grand feu. On met le creuset au feu et » on le fait rougir ; le degré de chaleur » qu'il doit recevoir est relatif à la dureté » que l'on veut donner aux crayons ; il » est réglé par le pyromètre de Wedgwood. » Quand les crayons sont cuits, on retire » le creuset et on le laisse refroidir pour » les en ôter.

« Si les crayons sont destinés à tracer » des plans, à dessiner l'architecture ou » former des lignes fines, il faut, avant

» de les monter, les tremper dans de la » cire presque bouillante, ou du suif à la » même température, ou enfin dans un » mélange de l'une et de l'autre. Cette » immersion se fait en mettant ces crayons » snr un grillage de fil de fer, et en les » plongeant dans une chaudière; ils ac- » quièrent par-là de la douceur; ils s'u- » sent beaucoup moins en travaillant, et » ils gardent parfaitement leur pointe.

» Lorsqu'on emploie ces crayons à des- » siner l'ornement, la figure etc., il est » préférable de ne pas les plonger dans ces » préparations; ils font un dessin beau- » coup plus vigoureux, du plus beau net, » et qui n'a pas le luisant incommode de la » mine de plomb ordinaire.

» On sait que pour dessiner l'architec- » ture et les plans, il est nécessaire d'avoir » des crayons qui forment parfaitement la » pointe. On obtient ces crayons en faisant » fondre du plomb dans un creuset, où » l'on met du régule d'antimoine (anti- » moine métallique); et lorsque tout est » fondu, on y ajoute un peu de mercure: » il résulte de ce mélange un métal com- » posé qui est friable sans être dur, et qui » peut être aisément taillé en crayon. »

Les détails donnés ci-dessus sur la fabrication des crayons en mine de plomb, ne seraient pas suffisans, car il est à remarquer que l'argile n'étant pas toujours égale dans sa composition, et le retrait qu'elle éprouve n'étant pas toujours le même au même degré de feu, il en résulte que deux mélanges formés séparément et néanmoins dans les mêmes proportions, ne donnent pas des crayons identiques ; aussi, lorsqu'on emploie une argile nouvelle, est-on toujours obligé de faire un essai préparatoire.

Des Crayons noirs.

Toutes les opérations sont les mêmes, excepté qu'on y ajoute du noir de fumée, c'est-à-dire que les crayons sont un composé de cette matière, de carbure de fer et d'argile ; souvent même il n'y entre point de carbure de fer : on les cuit de même, et l'on a soin que, dans le moment de la cuite, ils soient enfoncés dans les creusets sous les matières désignées plus haut pour les soustraire au contact de l'air et éviter que le noir de fumée ne brûle à la superficie, ce qui ne manquerait pas d'arriver si l'on négligeait cette précaution.

On peut, comme on le voit, faire une série de crayons à l'infini, en mettant plus ou moins de noir de fumée et d'argile, et l'on obtient par-là des crayons depuis le noir le plus intense, jusqu'au plus pâle : ils sont aussi de la meilleure qualité pour dessiner la nature dans toutes ses productions; les dessins en sont beaux, vigoureux, et aussi noirs qu'on le désire.

En exposant les principes qui doivent guider le fabricant dans la préparation de la pâte à former les crayons noirs, je n'ai pas donné les détails nécessaires pour le moulage : cette opération a pour but de donner aux crayons noirs, soit la forme cylindrique, soit la forme cubique, allongée (cette dernière est la plus ordinaire). On y parvient de deux manières. 1° On peut avoir des modèles de crayons en fer de la forme qu'on désire ; on les attache perpendiculairement sur une plaque de tôle, dont les bords sont relevés à la hauteur que doivent avoir les crayons. On forme un alliage triple d'étain, d'antimoine et de zinc, ou de tous autres métaux capables de se durcir par le mélange ; on les fait fondre dans un creuset, et on les verse dans le moule de tôle où sont plantés les modèles de crayons en fer ; on laisse refroidir la matière ; on retire ensuite les modèles en fer qui laissent des creux servant à mouler les crayons.

On remplit complétement les trous du moule avec de la pâte préparée. Cette operation faite, on laisse sécher, et comme cette pâte diminue de volume eu séchant, les crayons se détachent aisément, et on les renverse sur une table couverte d'une étoffe pour les empêcher de se casser; on les laise ensuite sécher davantage à l'ombre, ensuite à l'étuve, puis au four, et enfin on les met au creuset comme les premiers, en prenant la même précaution de les couvrir de charbon pulvérisé ou autre matière, pour empêcher le contact de l'air: quand ils sont cuits on peut les employer pour dessiner.

On peut, dans le moulage, faire usage de la méthode suivante, qui est plus expéditive. On a une plaque en cuivre A, *fig.* 4, carrée d'environ deux millimètres d'épaisseur, percée de rainures parallèles, aussi larges que la plaque est épaisse; c'est dans ces rainures que l'on introduit, au moyen d'un cylindre, la pâte qui doit former les crayons; après quoi l'on soumet pendant quelques instans cette plaque, avec la pâte qu'elle contient, à l'action d'une presse;

on la retire ensuite, et on la place sur un châssis B, auquel est pratiquée une feuillure C pour la recevoir et la contenir. Ce châssis est traversé par de petites tringles en fer de champ I, qui se rapportent entre les rainures de la plaque de cuivre et les séparent. Alors on prend un peigne (*fig.* 5) formé de petites lames de cuivre D, de six lignes de large, vues de champ dans cette figure de la longueur et de l'épaisseur des rainures de la plaque (*fig.* 4), et entrant dans chacune avec justesse.

Des lames en cuivre E échancrées, reçoivent les lames du peigne, qui sont soudées avec elles; ces lames sont courbées à angle droit, à chaque bout, et s'arrondissent pour pouvoir entrer dans les trous G (*fig.* 2), lorsqu'on veut faire sortir les crayons du moule.

On place le peigne sur la plaque, et, en le pressant, il s'introduit dans toutes les rainures, il en chasse la matière qui a été comprimée, et qui tombe sur une glace polie, sur laquelle le châssis est disposé; on enlève le peigne par les poignées F; on enlève aussi toutes les autres parties de l'appareil, et les crayons versés sur la glace, sont maintenus droits, au moyen de petites glaces que l'on couche dessus, à de petites distances les unes des autres.

On peut varier les dimensions des rainures, l'épaisseur et la largeur de la plaque, celles du peigne et du châssis, suivant la forme que l'on veut donner aux crayons.

Lorsque ces crayons doivent être très-gros, comme ceux connus sous les noms de *carrés fermes* et *tendres*, on introduit la matière dans le moule, au moyen d'une presse à levier qui refoule la matière d'une boîte où elle est contenue, pour la faire entrer dans le moule qui est disposé et lui sert de fond.

Pour faire les crayons cylindriques de diverses grosseurs, on se sert d'un tube de cuivre cylindrique, de six centimètres de diamètre, et de quatre centimètres de long, terminé à un bout par un fond percé d'un trou plus ou moins gros, suivant la grosseur du crayon que l'on veut obtenir; par l'autre bout, qui est ouvert, on introduit la pâte, dont on remplit la capacité du tube; on refoule ensuite la matière avec un piston mu par une forte vis; ce piston, en s'enfonçant, presse sur la matière et la force de sortir par le trou placé à l'autre extrémité. En passant par ce trou, elle s'y moule, comme dans une filière, avec la plus grande homogénéité, et l'on coupe le boudin qui en sort, en petits cylindres de longueurs égales, et plus ou moins longs selon la nature des crayons.

On prépare aujourd'hui des crayons noirs cylindriques, nommés *grands* et *petits vernis*, et qui peuvent s'employer sans porte-crayons et sans salir les doigts; ils s'obtiennent en employant du noir de fumée, le plus fin que l'on puisse se procurer, après l'avoir mêlé avec deux tiers d'argile (ou une proportion plus faible de cette dernière substance, si on veut les avoir d'un noir très-foncé), on en forme des crayons avec la machine à mouler que nous venons de décrire. Quand ils ont acquis un certain degré de fermeté par la dessication simple, on les polit sur une table recouverte d'un drap de laine; on les fait cuire ensuite dans cet état; ils ne perdent plus ce vernis et ont la qualité désirée.

Des Crayons pour le Pastel.

Les crayons artificiels colorés se préparaient au commencement en mêlant des substances colorantes à la craie ou quelquefois à la céruse. Mais les travaux de feu Conté ont entièrement changé ce mode de fabrication. Le fabricant prépare aujourd'hui ces produits en unissant à l'argile des préparations diverses de couleurs; il est seulement nécessaire que ces dernières réunissent les principales conditions suivantes : Elles doivent 1° se réduire assez facilement en poudre impalpable; 2° avoir une teinte invariable, ou au moins susceptible de se conserver un laps de tems assez prolongé; 3° résister assez bien à la chaleur que demande la fabrication. Les couleurs données par les oxides métalliques sont celles qui répondent le mieux à ces indications; mais, dans l'impossibilité où l'on est d'obtenir toutes les nuances avec ces oxides, on est obligé d'avoir recours à des couleurs organiques, et dans ce dernier cas, la cuisson ne se fait plus à la manière ordinaire: on doit, pour durcir les crayons, les mettre à l'étuve, et les faire ensuite bouillir, ou dans l'huile ou dans le suif, ou dans la cire, ou enfin, dans un mélange de ces matières.

Crayons blancs. Cette espèce fait exception à la règle générale, c'est-à-dire qu'on les fabrique encore avec de la craie: on doit la choisir blanche, nette et la plus compacte qu'il est possible; on la scie par morceaux carrés de trois pouces de long, sur trois lignes d'épaisseur. Lorsqu'on a besoin d'un grand degré de blancheur, on peut faire un crayon avec la céruse que préparent les marchands de couleurs : on la pulvérise, on l'humecte avec du lait, puis on en fait une pâte dont on forme des crayons que l'on fait sécher sans le secours de la chaleur. Si ces crayons n'ont pas assez de consistance, on les broye de nouveau avec du lait, auquel on a ajouté un peu de gomme adragante; on ne doit pas se servir de ces crayons lorsque la craie a la blancheur voulue, parce que la céruse charge notablement, et surtout noircit lorsqu'elle est exposée à la plus légère exhalaison sulfureuse.

Crayons rouges. Se préparent avec divers oxides de fer, du vermillon (sulfure rouge de mercure), du minium (oxide rouge de plomb); en variant les proportions de ces substances, on obtient tous les degrés de nuance et de dureté désirables. Les oxides de fer donnent aussi des crayons *rouges*, *rouge-brun*, *brun-violet*. La laque s'emploie pour les *rouges-cramoisis*, mais elle doit être choisie avec beaucoup de soin, et ces crayons doivent être séchés avec précaution, parce qu'ils changent très-facilement de teinte.

Crayons roses. Le carmin donne un crayon de sa couleur, et on obtient tous les roses, en ajoutant à ce carmin plus ou moins d'argile. La laque rouge, a les mêmes propriétés ; remarquons cependant que le carmin étant fort cher, on l'emploie souvent avec un petit rouleau de peau de gant. On prend le carmin et on l'applique avec la pointe de ce rouleau, ce qui produit le même effet que si l'on se servait de crayon.

Crayons bleus. S'obtiennent par l'indigo ou le bleu de Prusse, mêlé avec de l'argile ; les crayons préparés avec de l'indigo, sont plus chers, mais aussi, moins altérables que ceux fabriqués avec le bleu de Prusse : ce dernier produit, surtout s'il est d'une qualité inférieure, pâlit avec le tems, et souvent perd entièrement sa teinte : le bleu lapis (outre-mer) donne aussi des crayons bleus, fort beaux et inaltérables, mais il est fort cher, et s'emploie le plus ordinairement comme le carmin.

Crayons jaunes. Se préparent avec l'orpin (sulfure jaune d'arsenic), le turbith minéral (sous deuto-sulfate de mercure); le stil de grain, etc., mêlé à l'argile : l'ocre jaune se taille aussi quelquefois en crayons; mais pour obtenir alors des crayons de bonne qualité, il est indispensable de broyer et de laver cette terre avec beaucoup de soin.

Crayons verts. Le mélange du bleu de Prusse, et du turbith minéral, allongé avec l'argile, donne différentes sortes de crayons verts; il en est de même du bleu de Prusse, mêlé au stil de grain; le vert de schéele (arsenite de cuivre), uni à l'argile, donne des crayons d'un vert magnifique et presque inaltérable.

Crayons de diverses nuances. Les crayons *orangés*, se fabriquent avec l'orpin ou le turbith minéral, uni au vermillon ou au minium, puis à l'argile; le minium seul avec l'argile, donne de très-beaux crayons *aurore*. On a enfin des crayons, 1° couleur *bistre*, en employant la terre d'ombre calcinée; 2° couleur *pourpre*, en se servant du bleu de Prusse et du carmin.

Les procédés et les recettes donnés ci-dessus, sont dus au célèbre Conté; mais il est nécessaire d'y ajouter quelques observations, pour guider le fabricant qui voudrait les mettre en pratique : les crayons préparés avec les recettes précédentes, sont très-bons, lorsqu'on peut les soumettre à l'action de la chaleur (bien qu'en général ils soient moins bons que ceux qui nous viennent d'Angleterre et d'Allemagne); si (ce qui arrive quelquefois) la couleur est altérable par la chaleur, on doït, en suivant le procéde Conté, opérer la dessication à l'étuve, et, ensuite, faire bouillir dans une matière grasse ; mais il est certain, qu'alors le crayon ne tient plus sa pointe, c'est-à-dire, qu'il est difficile à tailler, et que d'ailleurs, il est gras et boueux. Cette difficulté se présente surtout dans la fabrication des crayons préparés avec le bleu de Prusse, l'indigo, le carmin, les jaunes de nature organique, parce qu'il est impossible de chercher à durcir les crayons, par la cuisson de l'argile. Il était donc nécessaire de trouver un moyen de donner à ces crayons les propriétés qui leur manquent. Les travaux du général Lomet, ont jeté un grand jour sur cette question ; vers l'année 1800, ce général a publié une suite de procédés, pour obtenir des crayons de sanguine de différentes nuances et de différens grains.

Pour ce qui est de la sanguine, comme de toutes les couleurs qui peuvent supporter sans altération, un haut degré de température suffisant pour le durcissement de l'argile mêlée à la couleur, nous ne voyons pas qu'il soit nécessaire de s'écarter des procédés de Conté; aussi, considéré comme amélioration dans la fabrication des crayons de sanguine, le procédé du général Lomet nous paraît peu important, mais il donne, comme nous l'avons dit, les moyens de perfectionner les crayons colorés avec des couleurs organiques. Il est donc nécessaire de le rapporter.

L'auteur prend de la sanguine en roche la plus tendre; il la broye exactement à l'eau pure sur le marbre; il fait dissoudre à part de la gomme arabique, et la mèle exactement avec la sanguine réduite en poudre impalpable; quelquefois il ajoute du savon pour donner de la douceur aux crayons. Pour le moulage des crayons, il force la pâte à passer par le canon d'une seringue, d'un orifice égal à la grosseur de ces crayons; il coupe les bâtons à la longueur de deux pouces, les laisse sécher, leur donne une première taille, et les racle pour leur enlever une pellicule qui se durcit à la surface pendant la dessication.

Voici les dosages que le général Lomet a indiqués, pour obtenir, selon lui, différens résultats; il prévient que ces dosages doivent être observés avec beaucoup d'exactitude.

Premier.

Sanguine sèche ou oxide rouge de fer........	10	grammes.
Gomme arabique sèche.	0,311	

Crayons très-tendres, ils peuvent servir aux grands dessins, une proportion inférieure de gomme, ne leur donne pas assez de consistance pour pouvoir être mis en usage.

Deuxième.

Sanguine............	10	grammes.
Gomme..............	0,363.	

Crayons moelleux, un peu tendres excellens pour les grands dessins.

Troisième.

Sanguine.............	10	grammes.
Gomme...............	0,415	
(Ou mieux encore) gomme................	0,441	

Crayons doux et solides; ce sont les

meilleurs que l'on puisse employer pour l'usage habituel.

Quatrième.

Sanguine.............. 10 grammes.
Gomme............... 0,467

Crayons un peu fermes, sans dureté; utiles pour les dessins qui doivent être tracés délicatement.

Cinquième.

Sanguine.............. 10 grammes.
Gomme............... 0,519

Crayons très-fermes, propres pour les petits dessins, dont on veut rechercher finement tous les détails.

Sixième.

Sanguine.............. 10 grammes.
Gomme............... 0,571

Crayons durs dont on peut à la rigueur faire usage; c'est le maximum de gomme que l'on peut employer.

Septième.

Sanguine.............. 10 grammes.
Gomme............... 0,580
Savon blanc desséché... 0,519

Ces crayons ont une teinte plus brune que celle des précédens. Ils sont doux à tailler; mais tous les crayons dans la composition desquels il entre du savon, ont le défaut de donner des traits qui deviennent luisans, lorsqu'on repasse un peu fort sur les touches.

Huitième.

Sanguine.	10
Colle de poisson sèche . .	0,622

Crayons d'un ton brillant , excellens pour l'usage.

Je n'ai pas eu occasion de répéter les essais du général Lomet , sur la sanguine, parce que, ainsi que je l'ai dit précédemment, on peut, avec plus d'avantage, appliquer aux crayons de sanguine le procédé de Conté ; mais j'ai varié beaucoup les dosages de la gomme arabique, de la colle de poisson , et du savon pour des crayons de stil de grain jaunes , de laque carminée et commune, d'indigo , de bleu de Prusse, etc., je n'ai jamais obtenu que des crayons peu traitables, lors même que le dosage de la colle et de la gomme était insuffisant pour leur faire tenir la pointe :

Quand j'ajoutais du savon, même en très-petite quantité, j'avois toujours un crayon luisant, graisseux et dont je ne pouvais faire usage. Mais j'ai infiniment mieux réussi en employant un autre ingrédient.

J'ajoutais aux substances colorées sèches, et réduites en poudre impalpable, depuis un dixième jusqu'à un cinquième de leur poids, d'un mélange à parties égales de blanc de baleine et de cire blanche. Je faisais fondre à un feu doux, ces deux corps gras, j'y incorporais peu à peu les poudres colorées, je malaxais long-tems, en tenant la composition sur des cendres un peu plus tièdes, enfin, je roulais sur une glace dépolie les mélanges pour leur donner la forme de crayons.

Ces crayons ne tenaient pas aussi bien la pointe, et ne faisaient pas un trait aussi vif que ceux obtenus par la cuisson de l'argile ; mais ils se taillaient facilement, marquaient bien, et en général, ils conservaient presque exactement les mêmes nuances qu'avaient présentées les poudres dont ils avaient été formés, et ils m'ont semblé aussi bons que ceux de couleurs respectivement les mêmes qui nous sont apportés de l'étranger.

Je terminerai l'histoire des crayons par

l'exposé des noms et des qualités des principaux crayons, employés aujourd'hui par les artistes. Ce travail n'a pu être fait que pour les crayons gris et les crayons noirs, parce que la composition et la nature des crayons au pastel, est tellement variable, qu'il est impossible de donner quelques résultats exacts dans cette partie.

Les crayons gris ont les noms suivans : L'ordre donné est celui de leur qualité :

Crayons Brookmann.
— Conté.
— Middelton.
— Jacob Lévi.
— Lazard.
— Lorry.

Les crayons Brookmann, ont les marques suivantes, qui indiquent l'ordre de leur dureté, en commençant par les plus durs.

HHH ; HH ; H ; F ; HB ; B ; B.

La dureté des crayons Conté, s'indique par les n° 1, 2, 3, 4 en commençant par ceux qui sont les plus tendres.

Les crayons Middelton, Jacob Lévi, Lazard, Lorry sont moins estimés que les précédens, ils n'ont pas de divisions particulières ; l'essai est le seul moyen de les connaître.

Les crayons noirs, non vernis, usités en France, sont ceux de Conté. Ils portent les n°s 3, 2, 1 pour l'ordre de leur dureté, en se rappelant que le n° 3 indique les crayons mous ; on connaît ensuite les crayons prismatiques allongés, les crayons cylindriques également non-vernis, qui ont un aspect velouté, et qui servent à faire ce que les dessinateurs appellent de la *sauce* destinée à l'estompe. Il y a enfin des crayons cylindriques noirs et vernis qui sont toujours durs.

Droits d'Entrée sur les crayons.

1°. Simples en pierre	......	10 et 11 fr.
2°. Composés.	Communs...	20 et 22
	Fins, bois de cèdre.....	50 et 55

SECTION III.

DES ENCRES.

On connaît sous le nom d'encre, un liquide coloré que l'on emploie pour tracer avec la plume des caractères sur le papier, etc., ou dont se sert le dessinateur, pour le lavis, l'aquarelle etc. L'encre la plus commune est noire, peut être solide ou liquide ; cette dernière dont on consomme des quantités considérables, est débitée ordinairement par le marchand papetier; il importe donc à ce commerçant, de l'avoir à bon marché et de bonne qualité.

Les encres considérées sous un point de vue général, peuvent se diviser en trois genres. 1° Encres noires, 2° encres de couleur, 3° encres de sympathie.

Des Encres Noires.

Ces encres, avons-nous dit, peuvent être solides ou liquides; les encres solides sont connues sous le nom d'*encre de la Chine*, et servent aux dessinateurs, parce que, bien qu'elles aient un ton moins *roux*, et par conséquent moins *chaud* que la *sæpia*, elles peuvent s'employer au pinceau, ce qui ne pourrait avoir lieu pour les encres noires liquides. L'histoire de ces encres se subdivise donc en deux espèces : 1° encre liquide, 2° encre solide.

De l'Encre commune ou Encre noire liquide.

Elle est en général composée de tannin et d'acide gallique uni à l'oxide de fer. Le résultat de cette réaction, est une matière bleue-noirâtre insoluble dans l'eau, et que l'on maintient en suspension dans ce liquide, par une petite quantité de gomme : ce principe posé, il est évident que toutes les fois qu'une substance contenant de l'acide gallique et du tannin sera en contact avec un sel de fer, que la réaction sera aidée par de l'eau, et que le précipité sera maintenu en suspension par une solution de gomme, on aura réuni toutes les conditions pour faire de l'encre.

La *noix de galle* (comme substance très-riche en acide gallique), le *sulfate de fer* (couperose verte), sont les seules substances vraiment utiles dans la préparation de l'encre ordinaire; les autres matières que l'on y ajoute quelquefois, le bois de campèche, le sumac, etc., n'ont d'autres effets que de modifier la nuance, et de rendre la préparation moins coûteuse. Disons un mot sur le choix des matières composantes.

Les noix de galle sont produites par la piqûre d'un insecte sur divers chênes, et particulièrement sur le *Quercus infectoria*, qui est répandu dans toute l'Asie mineure du Bosphore à la Syrie, et des rives de l'Archipel aux frontières de la Perse. Les bonnes noix de galle nous viennent d'Alep, ont de quatre à dix lignes de diamètre, sont généralement rondes et parsemées d'aspérités plus ou moins aiguës; elles doivent avoir été recueillies, lorsqu'elles ont acquis toute la grosseur et le poids possible, mais avant que l'insecte en soit sorti; car alors, elles prennent une couleur plus brillante, et perdent beaucoup de leur poids: la récolte se fait en août; les premières recueillies mises à part, sont connues sous le nom de *yorli* et dans le commerce sous ceux de *galles noires* ou *vertes;* celles qui sont récoltées vers la fin, s'appellent *galles blanches*, sont d'une qualité inférieure, et presque toujours percées d'un petit trou. Les galles de France, sont d'un blanc jaunâtre, sans aspérité à leur surface, et bien moins estimées. Le *sulfate de fer*, appelé vulgairement *couperose verte*, est en beaux morceaux d'un vert pâle homogène; quelquefois les cristaux sont recouverts d'une croûte de rouille, cette circonstance qui est désavantageuse dans quelques emplois du sulfate de fer, présente au contraire pour la fabrication qui nous occupe, un avantage réel, celui de produire, toutes choses égales, un liquide d'un plus beau noir.

Préparation de l'Encre.

Les fabricans d'encre en distinguent de deux espèces; 1° encre double, 2° encre simple. Je donnerai trois recettes d'encre double successivement moins coûteuses et partant moins bonnes. Je relaterai ensuite les différences que présentent les encres simples.

Galles noires.....	15 kil. à 3 fr. 80 c.	fait	57 f.
Sulfate de fer....	10	»	50	3
Gomme du Sénégal (blonde)...	20	2	50	50
Eau, 200 kil., ou 200 litres.				
Main-d'œuvre				10
Total.......				120

Cette encre qui est d'une qualité supérieure coûte (comme on le voit), aux fabricans, 60 cent. le litre; on la prépare de la manière suivante.

On met dans une chaudière cylindrique en cuivre d'une profondeur égale à son diamètre, les noix de galles concassées avec environ 150 litres d'eau; on place un couvercle sur la chaudière, on chauffe jusqu'à l'ébullition, et l'on maintient à cette température pendant trois heures environ, en ayant soin de remplacer par de l'eau bouillante, celle qui se réduit en vapeurs. Au bout de ce tems, on soutire dans un récipient (on se sert communément d'un baquet) on laisse déposer, puis on tire à clair et l'on fait égoutter le marc sur un filtre; d'un autre côté, on fait dissoudre la gomme dans une petite quantité d'eau tiède, puis on délaye le mucilage obtenu dans la décoction de noix de galle. On fait encore dissoudre séparément le sulfate de fer, et l'on verse la solution dans le mélange de gomme et de noix de galles, en brassant fortement; ce liquide prend une teinte brune; on le laisse exposé à l'air dans des tonneaux défoncés d'un bout, et on l'agite fréquemment, à l'aide d'une spatule afin de favoriser la réaction de l'oxigène de l'air qui augmente par degré l'intensité de la couleur.

Il vaut mieux obtenir une encre pâle, qui se fonce sur le papier, qu'une encre trop noire, parce que celle-ci serait moins fluide. On essaie donc de tems à autre le liquide, et dès qu'il a acquis la teinte voulue, on le laisse déposer en couvrant le tonneau (*); on le soutire à clair avec précaution, et on le met en bouteilles, que l'on bouche bien et même que l'on cachette ordinairement. Cette encre se moisit quelquefois dans les bouteilles; le meilleur moyen de s'opposer à cette altération est d'ajouter à chaque bouteille, un petit verre d'eau-de-vie : cette précaution qui est ex-

(*) Ce dépôt, connu sous le nom de *boue d'encre*, est vendu aux emballeurs pour marquer et numéroter les caisses.

trêmement simple, m'a réussi sur toute espèce d'encre double ou simple.

On peut abréger l'opération que je viens de décrire, et avoir le premier jour l'encre d'un noir aussi intense que possible, en chauffant pendant une demi-heure au rouge et dans un creuset le sulfate de fer. Dans ce cas, toute la quantité d'oxigène nécessaire, est contenue dans le trito sulfate de fer ; il devient inutile d'aérer l'encre dans les tonneaux, il suffit de la laisser bien déposer avant de la soutirer. Ce dernier procédé donne une encre moins coulante, et qui ne se fonce plus sur le papier. Enfin, on obtient toutes les qualités requises, le plus promptement possible, en calcinant les $^{6}/_{10}$ de la couperose que l'on doit employer. Les noix de galles étant, comme nous l'avons vu, d'un prix assez élevé, on en remplace souvent une partie par du bois de campêche; l'encre ainsi préparée est toujours moins fluide, et d'une nuance moins belle : les deux recettes suivantes donnent des encres moins coûteuses, mais aussi moins noires que celle préparée précédemment.

Eau	12 livres		
Noix de Galles, concassées	8 onces	à 3 f. 80 c. le kil. fait	0 f. 95 c.
Copeaux de bois de Campêche	4	à 0 40	0 10
Sulfate de fer	4	à 0 40	0 10
Gomme arabique	3	à 2 50	0 30
Sulfate de cuivre	1		0 5
Sucre candi	1		0 15
Main-d'œuvre	0		0 75
		Total	2 40

Ces substances sont traitées comme nous l'avons dit plus haut, cette encre coûte huit sous le litre.

Autre Recette.

Campêche.	10 onces	0 fr.	20 c.
Noix de Galle.	22	3	0
Gomme	2 livres	2	50
Sulfate de fer.	1	0	20
Sulfate de cuivre. . .	2 onces	0	10
Eau.	70 livres		
Main-d'œuvre		4	50
Total.		10	50

On mêle le bois de campêche et la noix de galle, on fait bouillir dans environ 50 livres d'eau pendant deux heures, en remplaçant l'eau évaporée : on fait dissoudre la gomme dans 10 livres d'eau tiède, et enfin, le sulfate de fer et le sulfate de cuivre, dans les autres 10 livres d'eau : on mêle le tout ensemble, on agite fortement, et on termine l'opération comme nous l'avons vu plus haut : cette encre coûte environ 30 cent. le litre.

Les fabricans préparent l'encre simple, en doublant les doses d'eau que nous avons indiquées : quelquefois cette encre simple se prépare après l'encre double ; on épuise le marc des noix de galle avec plusieurs lotions d'eau, on réunit les décoctions, on filtre, on ajoute moitié du poids des noix de galle et du bois de campêche employés, on fait bouillir et on traite la déçoction à la manière ordinaire.

Encre en Poudre.

L'encre liquide n'est pas commode à transporter, et sèche d'ailleurs dans les vases qui la contiennent; si ces vases ne sont pas exactement bouchés, elle se décompose et s'évapore; s'ils se cassent, elle tache tout ce qui les entoure : ces inconvéniens si graves dans les voyages, ont fait chercher les moyens de la préparer sèche. On y parvient en mêlant ensemble, après les avoir bien broyées, les substances qui entrent dans la composition de l'encre commune; de manière qu'il suffit de prendre une petite portion de ce mélange, et d'y ajouter un peu d'eau, pour obtenir une encre bonne pour écrire.

Encres Indélébiles.

Lorsque les manuscrits sont exposés à l'action du chlore, aux vapeurs acides ou tachés par des solutions alkalines, une partie de l'écriture disparaît; on a même des exemples de l'emploi du chlore, du sel d'oseille, du suc de citrons, etc., par des faussaires, pour effacer des mots auxquels on en substitue d'autres; cet inconvénient se trouve encore pour des écrits exposés pendant long-tems à une forte humidité, les mots ont été plus ou moins altérés, et il est souvent impossible de les lire. Ces considérations ont provoqué depuis bien long-tems, des recherches sur les meilleurs procédés à suivre, pour obtenir une encre bien claire, bien fluide, capable de pénétrer dans le papier, de ne pas s'effacer par le frottement, et cependant inaltérable par les agens chimiques. Le problème n'est pas encore résolu, car toutes les préparations faites dans ce but, contiennent une certaine dose de charbon en poudre extrêmement fine. Les réactifs ordinaires, ne font plus disparaître les caractères tracés avec ces encres, mais elles sont plus épaisses que les autres, pénètrent peu dans le papier et on parvient souvent à les enlever par le frottement.

Plusieurs recettes ont été publiées, et, bien qu'aucune n'ait atteint complétement le but qu'on s'était proposé, nous indiquerons celles qui paraissent avoir le mieux réussi, et nous rappellerons que le charbon très-divisé dont se servaient les anciens au lieu d'encre, résistait très-bien aux injures du tems, puisque les manuscrits trouvés à Herculanum, sont encore lisibles aujourd'hui; les lettres ont d'ailleurs aussi l'inconvénient d'être effacées par le frottement.

Westrumb a préparé une encre *indélébile*, on ajoutant dans une pinte de bonne encre ordinaire, 10 gros d'indigo en poudre impalpable, et 6 gros de noir de fumée, préalablement délayés dans environ 4 onces d'alcool.

M. Payen a essayé de préparer instantanément, une encre indélébile, en frottant un bâton d'encre de Chine sur une soucoupe contenant un peu d'eau, puis ajoutant à l'encre liquide ainsi obtenue, un volume égal au sien d'encre ordinaire: ce mélange m'a paru, dit-il, suffisamment coulant; le chlore, l'acide oxalique, le frottement au pinceau n'ont pas fait disparaître les caractères que javais tracés à la plume.

M. Sheldrake a préparé une encre indestructible, en mêlant ensemble de l'asphalte dissous dans l'huile de térébenthine, du vernis d'ombre et du noir de fumée.

J'ai fabriqué une bonne encre indélébile, en dissolvant à une douce chaleur 25 grains de copal en poudre, dans 200 grains d'huile essentielle de lavande : on ajoute à cette dissolution, 2 grains et demi de noir de fumée, et un demi-grain d'indigo.

De l'Encre noire solide, dite *encre de Chine.*

Nous diviserons cet exposé en quatre parties : 1° origine de cette encre, 2° caractères physiques et chimiques d'une bonne encre de chine, 3° recherches chimiques qui ont été faites pour reconnaître sa composition, 4° recettes qui peuvent la donner de bonne qualité. Cette encre est, comme son nom l'indique, originaire de la Chine, et est employée par des artistes, pour le lavis, etc. ; elle est en usage depuis long-tems, et cependant sa composition n'est pas bien connue : cette ignorance qui peut paraître extraordinaire, ne l'est plus pour ceux qui connaissent les difficultés que l'on a pour pénétrer dans l'intérieur de ce vaste empire ; et même aujourd'hui, cette difficulté est insurmontable : l'histoire a appris aux

Chinois, que l'introduction des Européens dans une contrée, n'est rien moins qu'un bienfait, et ils cherchent sagement à se garantir d'un pareil bonheur.

On ne doit pas cependant conclure de cette origine, que la meilleure encre de Chine soit toujours celle qui nous arrive de cette contrée : il en est de ce produit comme de tous ceux que nous fabriquons chez nous, c'est-à-dire qu'il existe diverses qualités d'encre de Chine. J'en ai eu qui m'avait été donnée par un ami, et dont il m'était impossible de révoquer en doute l'origine, et cependant cette encre n'était, au dire d'un artiste, que ce qu'ils appellent trivialement de la *cire à bottes ;* elle était *boueuse*, grossière, en un mot extrêmement mauvaise, et d'une qualité inférieure à celle que l'on prépare à Paris. L'encre de Chine de bonne qualité présente les propriétés et les caractères suivans : sa cassure doit être d'un beau noir luisant; mouillée, elle se dessèche en offrant une superficie brillante et comme cuivrée ; sa pâte bien homogène est excessivement fine; délayée, elle donne, suivant les proportions d'eau, des teintes plus ou moins foncées, depuis les plus légères jusqu'aux plus intenses, toujours parfaitement uniformes, dont les bords peuvent être *fondus* en passant dessus, et à tems, un pinceau mouillée d'eau pure, mais qui, désséchée, ne sont plus susceptibles d'être *délayées* à l'eau, même à l'aide du frottement d'un pinceau. Cette dernière propriété prouve que l'encre de la Chine réagit sur l'une des substances contenues dans le papier; car, étendue sur la porcelaine, une coquille unie, le marbre poli, l'ivoire etc., elle est facilement délayée et enlevée au pinceau.

L'encre de Chine, délayée dans une quantité d'eau telle, qu'elle produise un brun intense, doit couler encore facilement sous la plume, et permettre de tracer les traits les plus déliés, des esquisses à l'encre, ou des dessins les plus légers, au trait.

Nous avons vu plus haut que la composition de la véritable encre de Chine, n'était pas encore connue : ce que nous savons se réduit à ce que nous apprend le père Duhalde, qui assure que l'on prépare l'encre de Chine, de la manière suivante : on met ensemble dans de l'eau, les plantes *Hohiang* et *Kangsung*, des gousses d'un arbrisseau nommé *Tchu hia*

Tsaoko, et du suc de gingembre ; on fait bouillir, on clarifie, et l'on fait évaporer jusqu'en consistance d'extrait.

On ajoute sur 10 onces de cet extrait, 4 onces de colle de peau d'âne, puis on incorpore dans ce mélange, 10 onces de noir de fumée ; on en fait une pâte homogène qui prend différentes formes, et des dessins, lettres, etc. en relief, dans les moules où on la comprime : au sortir de ces moules on tient pendant quelque tems les bâtons d'encre plongés dans la cendre.

A l'exeption du gingembre, aucune des plantes indiquées ici par les noms du pays, ne sont connues de nos botanistes.

Au défaut d'autres moyens, on a cherché si la chimie qui est aujourd'hui si puissante, ne nous donnerait pas quelques notions sur cette composition. Plusieurs savans, parmi lesquels on doit compter M. Proust, et surtout M. Mérimée, se sont livrés à ce genre de recherches. M. Proust a trouvé que les encres de Chine étaient composées de gélatine, de noir de fumée, et d'un peu de camphre. Cette dernière substance pourrait avoir été contenue dans l'un des sucs végétaux, que les Chinois font entrer dans la préparation de leur encre. Suivant M. Mérimée, c'est la gélatine que l'on doit employer dans la préparation de l'encre de Chine; mais cette substance doit être altérée par une longue ébullition, ce qui la rend plus fluide, et lui ôte la faculté de se prendre en gelée. Voici d'ailleurs le procédé qu'indique M. Mérimée, et au moyen duquel il obtient une encre de Chine de bonne qualité; personne mieux que lui, n'était capable de la juger.

On rend la gélatine fluide, et non susceptible de se prendre en gelée par une longue ébulliton; on en précipite une partie par une infusion aqueuse de noix de galle; on fait dissoudre ce précipité par l'ammoniaque, puis on ajoute le reste de la gélatine altérée; il faut que cette solution soit assez *épaisse* pour former avec le noir de fumée une pâte consistante, susceptible d'être moulée.

Le noir de fumée doit être choisi de la plus grande ténuité possible; on peut prendre celui qui, dans le commerce, est connu sous le nom de *noir léger* fin, on le mêle avec une quantité suffisante de la colle préparée, on y ajoute un peu de musc ou quelqu'autre aromate, pour masquer l'odeur désagréable de la colle forte, puis on broye le tout avec soin sur une glace, à l'aide d'une molette; on donne ensuite à la pâte épaisse ainsi obtenue, la forme de bâtons ou paralllpipèdes rectangles, à l'aide de moules en bois incrustés de lettres et dessins qui doivent paraître en relief sur toutes les faces.

On fait dessécher lentement ces bâtons, en les tenant recouverts de cendres; enfin, la plupart sont dorés, par l'application d'une feuille d'or sur toute leur superficie humectée.

Des Encres de couleur.

Presque toutes les solutions concentrées de substances colorantes organiques, mêlées soit à l'alun, soit à d'autres sels (surtout ceux d'étain et de cuivre), sont susceptibles de donner des encres d'une teinte bien permanente (*) : le nombre des encres de couleur est presque illimité, cependant on distingue les encres des couleurs principales, *rouge*, *jaune*, *verte*, *bleue*, etc.

Encre rouge; est l'encre colorée dont

(*) D'un autre côté les pains ordinaires de couleur à l'eau, dissous dans ce liquide, donnent des encres colorées suffisamment bonnes pour divers objets.

l'usage est le plus fréquent ; elle sert souvent pour annoter, parce qu'alors on distingue très-bien les annotations du texte principal. Il en existe de plusieurs prix, et par conséquent de plusieurs qualités.

		f.	c.
Carmin fin, extrait de la cochenille.....	1 gros à 40 f. l'once	5	
Ammoniacque liquide.....	4	0	20
Eau.........	2 onces		
Main-d'œuvre.		0	80
	Total.....	6	»

On dissout le carmin dans l'ammoniaque, on ajoute l'eau, puis on évapore l'excès d'ammoniaque, et enfin, on bouche avec soin. Cette encre, comme on voit, est assez dispendieuse (*), mais aussi sa couleur est magnifique et permanente.

(*) Elle coûte environ 3 fr. l'once.

Autre.

			fr.	c.	
Cochenille..........	1/2 once	à 32 fr. la livre	1 fr.	0 c.	40 cent. l'once.
Eau................	1/2 livre				
Ammoniaque liquide..	4 gros		0	20	
Main-d'œuvre.......			2	0	
		Total......	3	20	

On fait bouillir la cochenille dans l'eau jusqu'à réduction à moitié de celle-ci, on ajoute l'ammoniaque, et on filtre. Cette encre est d'une teinte plus vineuse que la précédente : mais elle est également permanente.

Autre.

Garance concassée.	2 onces	0 f.	50 c.	30 cent. l'once.
Sous carbonate de soude..........	2 gros	0	10	
Hydrochlorate d'étain...........	1	0	50	
Eau...... 1 livre				
Main-d'œuvre....		2	0	
Total......		3	10	

La garance est d'abord lavée à l'eau tiède, et à plusieurs reprises, c'est-à-dire, jusqu'à ce que l'eau de lavage ne présente plus la couleur *fauve*; on fait ensuite bouillir le résidu dans l'eau aiguisée par le sous-carbonate de soude; lorsque la quantité de liquide n'est plus que la moitié de ce qu'elle était d'abord, on filtre, puis on ajoute l'hydrochlorate d'étain : cette encre a une teinte écarlate, est un peu moins coûteuse que la précédente.

Autre.

Bois de Brésil....	5 onces	0 f.	70 c.	20 c. l'once.
Vinaigre..........	2 livre	0	70	
Gomme..........	$^1/_2$ once	0	15	
Alun............	2 gros	0	5	
Main-d'œuvre....		1	40	
Total......		3	30	

On fait bouillir le bois de Brésil dans les deux livres de vinaigre, jusqu'à réduction de moitié; on ajoute l'alun, la gomme, on filtre et on met en bouteilles.

Encre jaune. Cette encre est moins employée que la précédente. Presque toutes les substances végétales colorantes jaunes donnent des encres jaunes; on fait bouillir la plante dans l'eau, on ajoute de l'alun et de la gomme arabique.

Le *quercitron*, donne beaucoup de matière colorante, mais la nuance de cette couleur est un peu pâle: la *gaude* donne une encre très-durable qui est brunâtre: on fait presque toujours usage de la graine d'Avignon pour préparer les encres jaunes.

Alun de Rome............	$^1/_2$ once.
Graine d'Avignon..........	5 onces.

Eau.................... 1 livre.
Gomme arabique.......... 1 gros 1/2

On choisit de l'alun parfaitement pur, c'est-à-dire, bien exempt de fer (cette condition qui n'est pas nécessaire dans la préparation des autres encres, est ici indispensable), on le fait fondre dans l'eau que l'on maintient en ébullition sur les graines d'Avignon, pendant une heure; on fait ensuite dissoudre la gomme arabique, puis on passe dans un tissu très-serré : cette encre coûte environ 15 cent. l'once.

On fait encore une assez belle encre jaune, en faisant dissoudre la gomme-gutte, dans de l'eau bouillante aiguisée par le sous-carbonate de potasse.

Encre verte. Cette encre sert principalement dans les lavis, pour imiter les eaux; on la prépare de plusieurs manières.

Vert-de-gris.............. 2 onces.
Crême de tartre.......... 1
Eau.................... 8

On fait bouillir le tout jusqu'à réduction

de moitié, on passe dans un linge très-fin, et on met en bouteilles.

Cette encre est d'une teinte incomparablement plus belle, mais plus altérable, en remplaçant la crème de tartre, par le même poids d'un mélange à parties égales de celle-ci, et d'acide tartrique pur.

Baies de nerprun........ 2 onces.
Eau.................... 1 livre.
Alun.................... 2 gros.

Faites bouillir jusqu'à réduction de moitié et passez.

Encre bleue. La préparation de cette encre présente de très-grandes difficultés, parce que les seules substances qui semblent réussir, sont : l'indigo, le bleu de Prusse, le bleu minéral, l'outre-mer : toutes ces matières étant insolubles dans l'eau, la seule ressource que l'on ait, est de la tenir en suspension dans de l'eau gommée, mais la précipitation a toujours lieu plus ou moins rapidement ; on doit donc, 1° pulvériser exactement le bleu ; 2° agiter la fiole toutes les fois que l'on veut s'en servir.

Je crois cependant pouvoir rapporter

comme exact le mode d'opération suivant, qui réussit lorsqu'il est suivi avec beaucoup de soin : ce mode est fondé sur la fabrication du *bleu Raymond*, c'est le bleu de Prusse liquide; pour l'obtenir ainsi, il faut qu'il soit totalement exempt d'alumine, car s'il en contient la plus faible quantité, il se précipite.

On prépare d'abord du *persulfate de fer*, en calcinant légèrement dans un têt à rôtir du sulfate de fer ordinaire ; on dissout, on filtre ; on ajoute de l'acide hydrochlorique et de la belle gomme arabique ; on verse ensuite en cherchant la saturation, *gradatim* du ferrocyanate de potasse liquide : cette encre bleue qui est je crois inconnue, est de la plus belle nuance. Il est impossible d'indiquer un dosage, parce que la quantité de ferrocyanate de potasse à ajouter, dépend elle-même du point où est arrivé la calcination du sulfate de fer.

Si l'on voulait obtenir une *encre violette*, il ne faudait pas mêler à l'encre bleue indiquée précédemment, une encre rouge contenant de l'alumine, car il y aurait instantanément précipitation du bleu de Prusse insoluble.

On prévient en général l'altération des

encres de couleur, par l'emploi du *sublimé corrosif*, mis à la dose de 8 ou 10 grains par once de liqueur; on suppose que ce composé mercuriel empoisonne les animalcules auxquels on attribue les moisissures apparentes de l'encre.

Encre pour marquer le linge; toutes les recettes que l'on a données jusqu'à présent, pour fabriquer une encre indélébile, propre à marquer le linge, n'ont pas réussi. Cette non réussite me paraît due à l'absence d'une substance gommeuse, à l'endroit du linge que l'on veut imprimer, substance gommeuse qui s'oppose à l'attraction capillaire, et par conséquent empêche la liqueur indélébile de s'infiltrer dans le linge, et de produire des lettres entièrement déformées. Il y a quatre opérations à faire pour marquer bien le linge.

1°. Le petit cercle sur la surface duquel on appliquera les lettres, doit être préalablement lavé avec la dissolution d'une once de sous-carbonate de potasse (sel de tartre) dans une et demie d'eau, et parfaitement sec avant de recevoir l'écriture.

2°. Ce même petit cercle est ensuite gommé et séché de nouveau.

3°. On fait un mélange d'une partie de nitrate d'argent, sur deux parties d'une très-forte infusion de noix de galle.

4° On forme les lettres avec une plume neuve ou un pinceau.

Des Encres Sympathiques.

On appelle *sympathiques*, les encres qui ne laissent pas de traces sur le papier, et qui ne deviennent visibles que par des moyens particuliers, qui varient eux-mêmes avec la nature même du liquide qui a servi à écrire les caractères; on attachait jadis une assez grande importance à l'énumération des diverses encres de sympathie, et souvent la découverte d'une nouvelle encre était considérée comme un fait capital.

Mais cette philosophie qui nous dirige aujourd'hui dans nos études, nous a montré la futilité de ce genre de recherches; on les a, pour ainsi dire, abandonnées comme un jouet capable d'amuser ces esprits superficiels, qui ne veulent connaître que ce qu'ils appellent le côté amusant de la science. On ne trouvera donc pas dans cet ouvrage, une énumération exacte de toutes les encres sympathiques, cependant le marchand de papier doit avoir quelques notions sur ces encres, pour les préparer lui-même dans l'occasion, ou au moins répondre aux questions qu'on peut lui adreser.

Nous avons dit que des caractères tracés avec une encre sympatique, et d'abord invisibles, devaient être placés dans des circonstances particulières pour devenir visibles. Ces circonstances sont très-variables, le principales sont : 1° l'exposition au feu, aux rayons solaires, à la vapeur d'eau chaude, à un dégagement d'hydrogène sulfuré ; 2° l'immersion dans diverses solutions, tels sont le sulfate de fer, le ferrocyanate de potasse, la noix de galle, etc.

Encres Sympathiques paraissantpar l'exposition au feu 1° *le suc d'oignons*. Ce liquide avec lequel on peut écrire en caractères qui deviennent invisibles par leur dessication à l'air, prend une teinte brune lorsqu'on chauffe le papier devant le feu ; ce phénomène paraît dépendre de l'altération de la matière végétale par la chaleur ; 2° *solution d'hydrochlorate de cobalt*, cette encre que Woutz fit connaître en

1705, est l'une des mieux caractérisées et des plus jolies : on la prépare avec la mine de cobalt (la plus belle mine vient de Saxe, et est rare, on la reconnaît lorsqu'en l'exposant au grand jour, on voit à la surface quelques efflorescences couleur *lilas*, ou que l'on appelle communément *gorge de pigeon*). On dissout une once de cette mine grossièrement pulvérisée, dans deux onces et demie d'eau régale, on étend d'eau, jusqu'à ce que la couleur soit à peine sensible : si l'hydrochlorate de cobalt dissous, et l'eau sont pures, les caractères sont invisibles à froid, et lorsque l'on échauffe légèrement le papier, ils paraissent en bleu, si on éloigne le papier du feu, les lettres disparaissent par degrés, on hâte cet effet, en exhalant dessus, l'air humide des poumons.

Ces phenomènes sont dus, ainsi que M. Thénard l'a fait observer, aux proportions différentes d'eau, que le sel retient dans des circonstances différentes ; on sait en effet, que la solution étendue d'hydrochlorate de cobalt, est d'un rose léger invisible sous une faible épaisseur, tandis que concentrée, elle est d'un bleu intense; à température ordinaire, l'eau hygrométrique suffit pour empêcher la coloration de ce sel, mais si l'on échauffe le papier qui en est imprégné, cette solution se concentre, elle devient bleue; enfin, s'éloigne-t-on du feu, le papier et le sel attirent de nouveau l'humidité de l'atmosphère, et la couleur disparaît.

En ajoutant à l'hydrochlorate de cobalt, une petite quantité d'hydrochlorate de tritoxide de fer, la couleur jaune de ce dernier rend l'encre sympathique verte. On préfère celle-ci, parce que ses effets sont plus prononcés; si l'on dessine à l'encre de Chine un paysage représentant une scène d'hiver; si ensuite on ajoute avec la solution de cobalt mêlée de tritoxide de fer, les feuilles aux arbres, et le gazon, sur les blancs qui indiquent la neige, rien de cette addition ne paraîtra, jusqu'à ce que l'on approche le papier du feu, mais alors les arbres sembleront se garnir de leur feuillage, l'herbe verdira et une scène d'été succédera à une scène d'hyver: on reproduira celle-ci, en laissant le dessin à l'air, et plus promptement en dirigeant dessus un souffle humide: 3° les *acides sulfurique* ou *nitrique* étendus d'eau et employés comme encres, donnent des caractères invisibles, mais si l'on fait chauffer le papier en l'approchant du feu, les lettres se montrent (en *brun* de plus en plus foncé, pour l'acide sulfurique, et en *jaune*, pour l'acide nitrique). Cet effet est dû à la concentration de l'acide qui désorganise le papier, aussi dès que l'on fait éprouver quelque frottement à la feuille ainsi écrite et séchée au feu, toutes les traces sont parsemées de trous.

Encres Sympathiques, visibles par l'exposition aux rayons solaires.

La dissolution d'or dans l'eau régale (hydrochlorate d'or), et celle d'argent par l'acide nitrique (nitrate d'argent), quand elles sont affaiblies avec une quantité suffisante d'eau distillée ou même d'eau commune bien pure, peuvent servir à former sur le papier des caractères qui disparaissent en se séchant, et qui peuvent rester invisibles pendant plusieurs mois si on les tient renfermés dans un livre, et qu'on ne les expose que rarement et pour peu de tems au grand air ; mais ils deviennent apparens si on les expose au soleil ou à l'action du feu.

Encres Sympathiques, visibles par l'action du gaz hydrogène sulfuré.

La plupart des solutions métalliques précipitant en *noir* par l'hydrogène sulfuré ou par un hydrosulfate, toutes les fois que l'on écrira avec une solution métallique incolore, les caractères seront invisibles ; si on les expose à l'action de l'hydrogène sulfuré, ils paraîtront en brun noirâtre plus ou moins foncé ; c'est ainsi que si l'on écrit avec :

1°. Une solution de bismuth dans l'acide nitrique (nitrate de bismuth).

2°. Une solution de plomb. { acétate de plomb. nitrate de plomb.

3°. Une solution d'argent dans l'acide nitrique (nitrate d'argent).

4°. Une solution de mercure. { nitrate de mercure. hydrochlorate de mercure.

Les caractères seront invisibles et paraîtront ensuite lorsque l'on passera sur les lignes un pinceau imprégné d'une solution d'un hydrosulfate alkalin ; la méthode qui produit l'effet le plus remarquable est la suivante :

On mêle intimement ensemble, 2 parties de sel ammoniac, 2 parties de chaux vive, et 1 partie de soufre pulvérisé, chacun séparément. On doit opérer au moins sur une livre du mélange pour obtenir une quantité notable de liqueur. On introduit ce mélange dans une cornue de verre ou de grès, on nettoie le col de la cornue, on la place dans un fourneau muni de son laboratoire ; on y adapte une allonge qui se rend dans un ballon tubulé bien sec, dont la tubulure est fermée par un bouchon surmonté d'un long tube destiné à prévenir la rentrée de l'air dans l'appareil : on fait du feu sous la cornue de manière à porter graduellement sa température jusqu'au rouge, une liqueur volatile jaunâtre passe dans le ballon ; pour mieux la condenser, on enveloppe celui-ci de linges mouillés sur lesquels on fait couler un filet d'eau. Lorsque le liquide volatil est entièrement recueilli, on le met dans un flacon en contact avec son poids de fleurs de soufre, et on agite pendant 8 minutes à la température ordinaire : il en dissout la plus grande partie, acquiert une couleur foncée, s'épaissit et forme alors du sulfure hydrogéné d'ammoniaque. Lorsque les charlatans qui courent les rues veulent faire croire à la multitude que la destinée de chacun peut être écrite d'une manière magique, ils font extraire d'une roue, un rouleau de papier sur lequel ils ont écrit en caractères invisibles avec une solution d'acétate de plomb, le plongent dans un bocal qui paraît vide, parce que quelques gouttes de liqueur fumante sont seulement répandues sur les parois, à l'instant les caractères apparaissent en noir, parce que la vapeur, en réagissant sur l'acétate de plomb, outre un acétate d'ammoniaque soluble, forme un sulfure de plomb noir et insoluble.

Encres Sympathiques, devenant visibles par l'immersion dans diverses liqueurs.

Les caractère tracés avec :

1°. Une faible infusion de *noix de galle*, paraissent un *bleu noir* lorsqu'on promène dessus un pinceau imprégné d'une solution de *sulfate de fer;*

2°. Une faible solution de *sulfate de fer*, reparaissent en *bleu noir* lorsqu'on passe sur les lignes un pinceau imprégné d'une infusion de *noix de galle;*

3°. Une solution *d'hydrochlorate d'or*, paraissent en *pourpre* lorsqu'ils reçoivent une dissolution d'étain (hydrochlorate d'étain);

4°. Une solution de *ferrocyanate de potasse*, paraissent en *bleu plus ou moins foncé* lorsqu'on humecte le papier d'une solution faible de fer (nitrate ou sulfate de fer) : cette dernière encre est d'autant plus remarquable, que l'on peut couvrir les caractères tracés avec elle, en écrivant sur les mêmes lignes avec de l'encre ordinaire; il suffit de passer ensuite sur les lignes écrites avec les deux encres, un pinceau trempé dans une solution de nitrate acide de fer, ou de persulfate de fer mêlé d'acide oxalique, pour que les derniers caractères tracés à l'encre ordinaire, disparaissent et soient remplacés par les lettres bleues qui résultent du prussiate de fer formé par l'acide prussique et le tritoxide de fer.

SECTION IV.

DES CIRES ET PAINS A CACHETER.

1°. DES CIRES A CACHETER.

Les cires à cacheter, que l'on connaît aussi sous le nom de *cire d'Espagne*, sont des mélanges exacts obtenus par la fusion de diverses substances résineuses et conséquemment inflammables : ce mélange reçoit ordinairement une matière colorante qui varie pour la teinte et pour la quantité avec la couleur et la nuance de couleur que l'on veut donner à la cire. La bonne cire s'enflamme facilement, ne doit pas répandre une fumée trop épaisse, ce qui démontrerait qu'elle contient une proportion trop forte de térébenthine ; enfin, elle doit bien se durcir par le refroidissement, et sert pour sceller le papier auquel elle doit s'attacher fortement.

Les cires à cacheter ont pour base la *gomme laque* ou plutôt la *résine laque*, et la propriété qu'elles ont de sceller fortement le papier paraît presque entièrement due à cette dernière substance; mais cette laque étant d'un prix assez élevé, on en ajoute, dans la fabrication de la cire, la plus petite quantité possible, ce qui explique la grande variété de prix que présentent les cires à cacheter, puisqu'on en trouve depuis 8 sols jusqu'à 8 francs la livre.

Les Indiens, qui récoltent dans leur pays la *gomme laque,* paraissent être les premiers qui aient procédé à la fabrication de la cire à cacheter. Ils ajoutent à cette laque une certaine quantité de térébenthine et de vermillon de la Chine. Les premiers échantillons de cette cire qui parvinrent en Europe furent portés à Venise; de là ils passèrent en Portugal, et ensuite chez les Espagnols. Ce dernier peuple en fit un grand commerce, et c'est de cette dernière nation que lui est venu le nom de cire d'Espagne. La France connut bientôt la composition de ce nouveau produit, et porta cette fabrication à un degré de perfection bien supérieur à celui que l'on connaissait jusqu'alors.

La cire à cacheter fabriquée dans les Indes-Orientales, avait conservé sur toutes les autres une grande supériorité ; on peut facilement en assigner la raison : les Indiens sont obligés de purifier la *gomme laque* pour la débarasser de toutes les substances hétérogènes qu'elle contient, avant de la livrer au commerce. Pendant qu'elle est encore liquide ils y mêlent le vermillon de Chine, avec une très-petite quantité de térébenthine, et ils en forment une excellente cire à cacheter. Les Européens reçoivent la gomme laque après cette première fusion et le refroidissement qui lui a succédé ; ils sont obligés de la fondre de nouveau, et, dans cette seconde opération, elle prend un degré de sécheresse si grand, que la cire qui en provient est cassante et a peine à fondre. Cette vérité a été mise hors de doute par un savant français qui a pu se procurer de la laque en bâton, c'est-à-dire, dans son état naturel. Il a obtenu, par la première fusion, en opérant comme les Indiens, de la cire à cacheter aussi parfaite que celle qui est apportée des Indes-Orientales. Nos fabricans, après un grand nombre d'essais, ont remarqué que la gomme laque en feuilles, qui est celle qu'ils emploient, manquait de moelleux, ils sont parvenus à lui restituer celui qu'elle a perdu par la première et par la deuxième fusion, en ajoutant une certaine quantité de belle térébenthine, mais cette quantité est plus grande que celle que les Indiens emploient. Les principales substances qui entrent dans la fabrication de la cire à cacheter sont: 1° la gomme laque; 2° la térébenthine; 3° le cinabre ou vermillon de Chine: on doit ajouter à cette énumération les diverses matières colorantes que l'on substitue au vermillon de Chine, lorsque l'on veut obtenir des cires de nuances variées, ces substances sont: 1° le noir de fumée de Paris pour les cires noires; 2° la gomme gutte bien broyée pour les cires jaunes d'or; 3° l'indigo pour les cires bleues; 4° l'indigo et le vermillon pour les cires pourpres; il convient, je crois, de faire précéder les détails sur la manipulation des cires, des caractères auxquels le fabricant peut distinguer facilement les diverses qualités des matières premières qu'il doit employer.

Gomme laque. On distingue trois qualités de laque: 1° laque en bâtons; 2° laque en grains; 3° laque en écailles ou en feuilles. L'analyse chimique démontre qu'elles sont composées de résine et de matières colorantes dans les proportions suivantes.

	L. en bâtons.	L. en grains.	L. en feuilles.
Résine.........	70	90	90
Matière colorante	10	2,5	0,5

On se sert particulièrement de la laque en feuilles : on en trouve dans le commerce de trois espèces différentes.

La première est blonde, elle est bien fondante au feu et ne laisse aucun résidu après la combu[illegible]n.

La seconde qualité est un peu plus épaisse que la première ; elle fond bien au feu et ne laisse aucun résidu après la combustion.

La troisième espèce est d'un brun rougeâtre, elle fond plus difficilement que les deux premières et laisse du résidu après la combustion.

Les deux premières qualités servent à faire les cires colorées ; mais la troisième qualité ne peut servir parce qu'elle demande trop de couleur pour masquer la teinte brunâtre qui lui est propre ; on ne l'emploie que pour faire la cire noire; elle doit sa couleur brunâtre à un trop grand coup de feu qu'on a été forcé de lui donner à la première fonte, parce qu'elle n'était pas assez fondante.

Térébenthines.

On trouvait anciennement, dans le commerce, une assez grand nombre de térébenthines qui variaient dans leurs propriétés physiques ; je citerai les principales : 1° *térébenthine du Canada* ou *baume du Canada*, extraite du *pinus Canadensis ;* 2° *térébenthine de chio*, du *pistacia terebinthus ;* 3° *térébenthine de Venise*, du *pinus larix ;* 4° *térébenthine de Strasbourg*, du *pinus picea ;* 5° *térébenthine commune*, du *pinus sylvestris* et de plusieurs pins maritimes. Parmi ces variétés on doit distinguer la térébenthine de Venise ou celle de Chio qui est très-limpide et a une odeur de fenouil ; les térébenthines de Suisse sont claires, blanchâtres et n'ont aucune odeur ; enfin les térébenthines de France sont blanches, épaisses, ont une odeur forte et désagréable.

Cinabre.

On en reconnaît trois qualités différentes: la première est le cinabre ou vermillon de Chine ; il est d'un rouge vif ; aussi le distingue-t-on sous le nom impropre de carmin ; la seconde qualité est le cinabre d'Allemagne : il a une couleur rouge orangé et contient souvent du minium, ce que l'on reconnaît à la propriété qu'il a de laisser un résidu lorsqu'on en met une petite portion sur une plaque rouge ; tandis que le beau cinabre de Chine se volatilise entièrement. La troisième qualité est le cinabre de France : il tient, pour la pureté, le milieu entre le vermillon de Chine et le cinabre d'Allemagne, mais il a quelquefois le défaut de noircir au feu.

Il serait impossible, dans cet abrégé, de donner les recettes diverses pour fabriquer toutes les qualités inférieures de cires à cacheter ; nous nous bornerons à décrire les moyens de fabriquer la cire de première qualité, et nous donnerons ensuite des notions générales sur la fabrication des cires colorées ou de qualités inférieures.

Les meilleures proportions de substance, pour la préparation d'une bonne cire à cacheter paraissent être les suivantes :

Gomme laque de première qualité......	4	parties en poids.	
Térébenthine de Venise	1	*id.*	*id.*
Vermillon de Chine...	3	*id.*	*id.*

On a une chaudière placée au-dessus d'une braisière remplie de charbons allumés; on fait fondre avec précaution la *gomme laque*, on y verse ensuite la térébenthine; on agite avec deux bâtons ronds, dont on tient un de chaque main, et enfin on y ajoute le vermillon en ayant soin de remuer toujours fortement; lorsque le mélange est exact, on procède à la fabrication des bâtons.

Il y a deux espèces de bâtons de cire à cacheter; les uns sont ronds ou carrés, les autres sont ovales, unis ou cannelés, souvent couverts sur une face de dessins ou d'ornemens, avec le nom du fabricant. Ces deux formes différentes modifient de deux manières le mode d'opérer.

Des Bâtons ronds et carrés.

La forme des bâtons carrés est peu en usage; mais lorsqu'on veut en avoir, c'est l'ouvrier qui leur donne cette forme en opérant d'une manière un peu différente de celle que nous allons indiquer pour les bâtons ronds, et je pense d'ailleurs que le lecteur appréciera facilement qu'elle peut être cette différence.

Pour fournir les bâtons ronds l'ouvrier

pèse une certaine quantité de matière : lorsqu'elle est figée, mais pendant qu'elle est encore molle, il en prend une quantité suffisante pour faire six bâtons, c'est-à-dire une demi-livre, si la livre doit être composée de 12 bâtons, un quart si la livre doit avoir 24 hâtons, et ainsi de suite. Cet ouvrier travaille sur une fort etable, percée d'un grand trou dans son milieu; au-dessous de ce trou et à une hauteur convenable, est une cassolette pleine de braise et au-dessus une plaque de marbre bien dressée et bien unie : cette plaque peut cependant être en noyer ou en autre bois très-dur; mais il est rigoureusement nécessaire qu'elle ne présente aucune aspérité; l'ouvrier pose sa composition sur la plaque de marbre, il l'allonge en l'étirant avec les mains, aussi également qu'il lui est possible, à quelques pouces près, de la longueur convenable pour six bâtons; ensuite à l'aide de la *polissoire*, il l'arrondit et l'étire jusqu'à la longueur voulue (cette polissoire est une planche rectangulaire faite en bois dur, bien unie en dessus, et surmontée d'une poignée). L'ouvrage passe alors dans la main du second ouvrier qui doit le polir. A cet effet, il roule, à l'aide d'une polissoire semblable qui peut être en bois, mais qui est préférable en marbre bien poli par-dessous, sur un marbre bien dressé et bien poli, jusqu'à ce que le bâton soit entièrement froid; ensuite il polit ces bâtons : ce polissage consiste à donner le brillant à la cire par le moyen du feu. Pour y parvenir, cet ouvrier fait usage d'un fourneau particulier auquel il donne le nom de *fourneau à grilles*; ce fourneau est composé de trois pièces : 1° d'une braisière en trepied et en fer de fonte; 2° de deux réchauds à grilles, et disposés de manière que les grilles se regardent : on place d'abord dans le fond des charbons allumés, ensuite on remplit de charbon auquel on laisse quelques instans pour qu'il s'allume; tout étant ainsi disposé, et le fourneau à grille placé sous un manteau de cheminée qui doit porter au dehors les vapeurs, l'ouvrier assis en face du fourneau passe les bâtons entre les deux grilles, en tournant continuellement d'un bout à l'autre jusqu'à ce que la chaleur du feu leur ait donné le brillant; il laisse refroidir assez pour ne pas altérer le poli avec les doigts, mais pas assez pour que la cire soit entièrement froide et cassante : au moment convenable, il marque profondément la longueur du bâton à l'aide du *compas* ou *moule*, dont les deux extrémités sont tranchantes, afin de séparer facilement les bâtons lorsqu'ils seront refroidis.

Lorsque les bâtons sont bien secs et coupés, on les approche de très-près par leurs bouts, de la flamme d'une lampe ou d'une bougie ; mais sans les plonger dans la flamme, ce qui les noircirait, et lorsque le bout est assez mou, on applique un cachet en creux qui donne, en relief, d'un côté le numéro de la cire, et de l'autre la marque du fabricant.

Des Bâtons ovales, cannelés ou non.

Ces bâtons se font dans les moules ; on y coule dedans la pâte liquide, et on laisse refroidir ; ensuite on les place dans d'autres moules en acier poli qui portent les impressions et les divers ornemens que le fabricant a adoptés, ainsi que son nom et la qualité de la cire. Les bâtons sortent parfaitement polis de ces moules.

La cire parfumée ne diffère de celle que nous venons de décrire que par l'odeur qu'on y fait entrer : on peut donner telle odeur qu'on désire, pourvu qu'on se serve d'huile essentielle ; l'odeur qu'on emploie le plus ordinairement est le musc : on verse l'essence lorsque la composition se fige, et l'on brasse bien pour la répandre uniformément.

La fabrication des cires à cacheter de qualité inférieure se fait de la même manière; seulement on diminue de plus en plus la proportion de gomme laque, et l'on augmente celle des résines au point que dans les moins bonnes cires, ou supprime entièrement la gomme laque, ce qui fait, comme nous l'avons dit, que ces cires ne tiennent pas sur le papier, cette adhésion n'étant due qu'à la gomme laque : on diminue aussi la proportion du cinabre, souvent même on ajoute d'autres résines que celles que j'ai indiquées : je donnerai ici comme *memento* quelques recettes pour la fabrication des cires rouges de qualité inférieure.

Gomme laque.......	2 parties en poids.
Térébenthine.......	1/2 partie.
Colophane..........	1/2 partie.
Cinabre et minium...	1/2 partie.

Autre Recette moins chère.

Gomme laque..........	4 parties.
Résine................	6 parties.
Térébenthine..........	1 partie.
Cinabre et minium......	1 partie.

Autre moins chère.

Poix résine	16 parties.
Mastic	80 parties.
Encens	5 parties.
Minium	12 parties.

Autre moins chère.

Poix résine	16 parties.
Colophane	16 parties.
Térébenthine	6 parties.
Minium	4 parties.

On donne souvent à ces cires, l'aspect des cires fines en les *dorant*, c'est-à-dire, en les couvrant d'une pellicule de couleur fine : à cet effet, l'ouvrier qui polit les bâtons a près de lui une boîte, ouverte par un des petits côtés et qui contient de la matière de belle cire à cacheter réduite en poudre, lorsqu'il a ramolli le bâton entre les deux fourneaux à grilles, il le plonge dans la poussière dont nous venons de parler, celle-ci si attache ; il présente de nouveau le bâton entre les deux grilles ; cette couverture se fond, se polit, et le bâton paraît à l'extérieur aussi beau que s'il était de la cire très-fine : on doit donc toujours casser un bâton de cire pour juger sa qualité.

Des Cires à cacheter de couleur.

On désigne sous ce nom celles qui ne sont pas rouges ; on les prépare aussi de qualités diverses : pour la bonne cire de couleur, on suit les proportions indiquées pour la bonne cire rouge, avec la seule différence qu'on substitue au cinabre la couleur en poudre qu'on veut lui donner : ces couleurs sont ordinairement prises parmi les oxides métalliques, je relaterai ici quelques recettes pour la fabrication des cires de couleurs.

Cire verte.

Gomme laque	4 parties.
Térébenthine (belle)....	1 partie.
Vert-de-gris...........	2 parties.

Autre moins chère.

Cire jaune	4 parties.
Sandaraque et ambre....	2 parties.
Crayon rouge...........	1/2 partie.
Borax	1/8 partie.
Vert-de-gris...........	3 parties.

Cire jaune.

Gomme laque	4 parties.
Térébenthine	1 partie.
Massicot (et mieux) turbith minéral	3 parties.

Cire jaune d'or.

Gomme laque	4 parties.
Térébenthine	1 partie.
Gomme gutte	1/3 partie.

Cire bleue.

Gomme laque	4 parties.
Térébenthine	1 partie.
Indigo	1/6 partie.

Cire pourpre.

Gomme laque	4 parties.
Térébenthine	1 partie.
Cinabre	1 1/2 partie.
Indigo	1/16 à 1/8 partie.

Cire noire.

Gomme laque (3e qualité) ..	4 parties.
Térébenthine ordinaire	1 1/2 partie.
Noir de fumée, de Paris ...	1 partie.

Des Cires marbrées.

Elles se fabriquent par un procédé analogue à celui qu'on emploie pour faire le papier marbré. On a plusieurs chaudières dans chacune desquelles est une composition colorée du ton et de la couleur qui doit entrer dans la marbrure : on verse ces cires colorées, les unes après les autres dans la chaudière qui contient celle qui doit faire le fond et l'on agite fortement avec des bâtons. Cette cire n'étant pas fluide, s'interpose irrégulièrement avec la cire du fond, et la marbrure est très-agréable : on conçoit qu'une pareille opération exige un peu d'intelligence et de goût.

De la Cire d'or.

Cette cire se fait de la même manière que la cire de couleur : on y verse de la poudre d'or lorsqu'elle n'est plus fluide, et l'on agite fortement ; les paillettes se répandent dans la masse et imitent l'aventurine lorsque le fond est d'un rouge brunâtre : mais on doit remarquer qu'en langage de fabricant on appelle poudre d'or une espèce de mica qui porte le nom d'*or de chat* et pour lequel je renvoie aux sables colorés.

—

2° DES PAINS A CACHETER.

Ce produit qui nous sert à sceller nos missives est bien connu, mais le nombre de ceux qui en connaissent exactement la fabrication, est très-limité. Demandez en effet à quelqu'un comment se fait cette opération, rien n'est plus facile, répondra-t-il, on forme une pâte que l'on fait cuire à la manière des *gauffres*, mais si vous voulez avoir des données précises, sur la forme des instrumens, sur la composition de la pâte, etc. vous n'aurez que des indications incertaines, et comment établir une fabrique sur de semblables données? Telle est au moins la position dans laquelle nous nous sommes trouvés lorsque, parvenus à cette partie de la papeterie, nous avons voulu donner quelques détails sur une fabrication qui nous paraissait à nous-même si facile : les difficultés que l'on éprouve tiennent à plusieurs causes; 1° cette fabrication n'est consignée dans aucun traité technologique et cette omission qui, par cela seul qu'elle est générale, est certainement volontaire, prouve qu'on n'a pu s'instruire dans cette partie : la grande encyclopédie n'offre que des données inexactes : le dictionnaire des arts et métiers n'en parle pas, enfin l'encyclopédie anglaise de *Rees*, qui est ordinairement si exacte, assure que, pour faire des pains à cacheter, on forme avec de l'eau et de la farine, une pâte que l'on met ensuite cuire entre deux plaques d'étain : cette dernière description provoquera le *sourire* d'un véritable fabricant; 2° le nombre des fabriques de pains à cacheter est très-peu considérable; 3° on ne pénètre qu'avec peine dans l'intérieur de ces fabriques et même; alors il faut deviner les *secrets du métier*. Cependant le soin que nous apportons à la rédaction de cette Encyclopédie populaire, les personnes auxquelles elle s'adresse, tout nous imposait l'obligation de ne rien négliger; démarches, frais, nous avons tout fait; le succès a couronné nos efforts, et nous pouvons heureusement donner à nos lecteurs le résultat de nos recherches, en suivant avec soin les détails qui vont suivre, on pourra fabriquer soi-même, à peu de frais, ce produit qui donne des bénéfices assez considérables.

Ces considérations préliminaires nous ont paru nécessaires pour faire apprécier à ceux qui nous liront les difficultés que nous avons éprouvées pour leur présenter les détails d'une fabrication qui semble d'abord extrêmement facile.

On peut diviser en cinq parties ce qu'il est indispensable de connaître pour fabriquer et vendre des pains à cacheter et des hosties : 1° les instrumens; 2° la préparation, la cuisson de la pâte, la formation des pains à cacheter; 3° les modifications que l'on doit apporter au mode général de fabrication pour obtenir des pains dits *hosties*; 4° la fabrication des pains à cacheter transparens; 5° les diverses qualités et prix de ces produits dans le commerce.

Des Instrumens pour les pains à cacheter.

Les instrumens employés dans cette fabrication ne sont pas nombreux, puisqu'ils se réduisent à deux gauffriers et à des emporte-pièces de diamètres variés : les gauffriers ne diffèrent que très-peu de ce que l'on connaît généralement sous ce nom ; il est seulement à remarquer que les faces des patelles entre lesquelles on met la pâte, sont bien unies et n'ont aucuns dessins, comme cela a lieu pour les gauffriers ordinaires; dans quelques localités, on a préparé des pains à cacheter, offrans des dessins *en relief*, il est évident que les faces des patelles devront présenter ces mêmes dessins en, *creux* et disposés d'une manière inverse : les patelles sont ovales, ont dix pouces de long, sept de large et six lignes d'épaisseur. Le prix d'une paire de gauffriers, pour les pains à cacheter communs, est de 200 fr.

Si l'on veut fabriquer des pains à cacheter fins, les gauffriers qui doivent servir à cette préparation demandent beaucoup plus de soin, et les patelles sont un peu plus épaisses (9 lignes d'épaisseur). Le prix de la paire est de 250 fr., cette augmentation du prix est particulièrement due au degré de polissage que nécessitent ces derniers gauffriers, et même il faut encore que l'ouvrier qui en fait usage les examine avec attention et leur donne lui-même un nouveau poli lorsqu'il les a mis en œuvre cinq à six fois.

Les emporte-pièces sont des cônes en acier, bien coupans à l'extrémité dont le diamètre est plus petit. Il est impossible de donner exactement la grandeur des diamètres parce que ces grandeurs varient dans les diverses fabriques ; mais on conçoit que, pour satisfaire tous les acheteurs, un bon fabricant doit offrir à ces derniers des pains à cacheter de diamètre très-variés. Le prix de chaque emporte-pièce est à Paris, de 6 f.

Les détails qui précèdent seront suffisans pour guider soi-même un ouvrier dans la fabrication de ces instrumens : je crois cependant devoir prévenir ceux qui seraient dans l'intention de fabriquer des pains à cacheter, qu'ils pourront se procurer ces instrumens mieux confectionnés et à meilleur compte, à Paris, chez le fabricant à la bienveillance duquel je dois ces détails : ce fabricant est M. Durand, rue Aumaire.

Fabrication des Pains à cacheter.

Je donnerai d'abord la fabrication des pains à cacheter *blancs*, et je terminerai par les règles à suivre et les substances colorées à employer lorsque (c'est le cas le plus ordinaire) on veut obtenir des pains à cacheter colorés.

La pâte se prépare en délayant, avec beaucoup de soin, de la belle fleur de farine dans de l'eau de puits de manière à former un mélange demi-solide que je ne peux mieux comparer qu'à la pâte employée dans les cuisines pour la préparation des crêpes. Il est assez difficile d'expliquer la préférence que l'on accorde à l'eau de puits, et cependant les meilleurs fabricans assurent que l'eau de rivière donne des pains moins légers, peut-être la sélénite (carbonate de chaux) que renferme l'eau de puits dégage-t-elle, lorsqu'elle est chauffée fortement entre les patelles du gauffrier, de l'acide carbonique qui donne de la légèreté à la pâte obtenue : cette opinion est peut-être fausse, je la livre aux chimistes, c'est à eux qu'il appartient de décider une semblable question. La pâte demi-solide étant préparée et disposée dans un vase convenable; l'ouvrier fait chauffer un des gauffriers et à l'aide d'une cuillère qui contient la dose à mettre sur ce dernier, il verse la pâte, ferme son instrument, procède à la cuisson et retire un ovale de la longueur, largeur du moule, et d'environ un tiers de de ligne d'épaisseur. Deux gauffriers doivent être employés dans cette fabrication; l'un d'eux est exposé à la chaleur, tandis que la pâte est mise dans l'autre : l'ovale obtenu est assez bien *glacé* à la partie centrale, mais les faces des bords sont *rugueuses:* il y a donc un choix à faire dans les pains à cacheter communs.

La fabrication des pains à cacheter fins ne présente actuellement aucune difficulté, puisque l'opération est la même, et diffère seulement dans le poli des gauffriers dont on fait usage : on a donc, dans ce dernier cas un ovale mieux *glacé* mais qui exige cependant un *glaçage* particulier : on prépare à cet effet une dissolution claire de gélatine, on y plonge alors rapidement les ovales que l'on met ensuite sécher à l'étuve; cette méthode n'est pas celle que suivent tous les fabricans ; mais je l'indique comme étant la plus simple et donnant un glaçage parfait et très-peu dispendieux.

Le découpage des pains à cacheter se fait de la manière suivante : on place l'ovale sur uue table en bois poli et assez tendre, puis au moyen d'un emporte-pièce d'un diamètre déterminé, on enlève successivement les pains à cacheter dans toute les parties de l'ovale : je relaterai plus bas les principales grandeurs des pains à cacheter répandues aujourd'hui dans le commerce.

Je n'ai décrit jusqu'à présent que la fabrication des pains à cacheter *blancs*, mais est-il un seul de mes lecteurs qui n'ait déjà fait la remarque que si l'on veut préparer des pains à cacheter colorés, cette opération se fera exactement de la même manière en employant de la pâte qui présente la nuance que l'on doit donner aux pains ; conséquemment : 1° on peut se servir d'une farine un peu moins blanche; 2° on doit mêler la matière colorante à la pâte demi-solide; les règles à suivre sont les mêmes que celles qui ont été données plus haut. Si la couleur est soluble, on la dissout dans l'eau même qui sert au délayage de la farine; si cette couleur est insoluble, on la réduit en poudre extrêmement fine, on la mêle à la pâte et on donne ainsi au pain à cacheter une nuance plus égale; la proportion de couleur à ajouter varie d'ailleurs avec la teinte que l'on doit communiquer au pain à cacheter. Enfin on doit exclure toutes les couleurs inorganiques vénéneuses, les oxides et composés de cuivre, de mercure, de plomb, etc., etc.; les couleurs organiques dont la saveur est désagréable, la gomme gutte qui est âcre et amère, etc. Voici les noms des couleurs en usage, et la forme sous laquelle on doit les mettre en œuvre.

Bleus. On emploie le bleu de Prusse en poudre extrêmement tenue et broyée dans la pâte en proportion convenable.

Rouges. La cochenille en poudre délayée dans une eau acidulée par l'alun, donne un rouge carmin magnifique, mais cette substance est assez dispendieuse, on la remplace par des décoctions de garance, de copeaux de bois d'Inde.

Jaunes. On obtient des nuances variées de jaune avec une décoction de safran ; nos remarques sur la cochenille s'appliquent au produit qui nous occupe, on remplace très-bien le safran par des décoctions de gaude ou de bois de jaune.

Verts. En mêlant ensemble des quantités variables de bleu et de jaune, on prépare toutes les teintes de vert.

Violets. Si l'on fait des verts en mêlant du jaune et du bleu, on prépare le violet en unissant le bleu et le rouge.

Bruns. Les ocres du commerce donnent divers bruns.

Des pains dits *hosties*. La farine que l'on emploie dans cette fabrication, doit être très-blanche ; les patelles des gauffriers sont plus grandes, elles ont généralement six pouces de large, huit de long et présentent en *creux* le dessin, 1° de deux grandes hosties vers les extrémités du grand axe ; 2° de deux petites vers les extrémités du petit axe, ces ovales se fabriquent, d'ailleurs, comme les pains à cacheter ordinaires : le découpage seul pour les grandes hosties est différent : on conçoit en effet que l'on a dû renoncer ici à l'emploi des emporte-pièces qui auraient alors de trop grandes dimensions ; on se sert, 1° d'une espèce de compas dont une des branches, qui est cylindrique, est émoussée à son extrémité ; tandis que l'autre branche est munie également à son extrémité, d'une petite lame coupante et verticale ; 2° d'un cercle en métal doublé en peau à la face inférieure de l'hostie : l'ovale entier étant sur une table, on place le cercle de peau en faisant coïncider son centre avec celui de l'hostie, la branche émoussée du compas étant sur le centre, on promène la lame circulairement comme si l'on traçait un cercle, et on sépare ainsi l'hostie de l'ovale : la même opération se fait pour la deuxième hostie, et enfin on découpe les plus petites à la manière ordinaire, c'est-à-dire au moyen des emporte-pièces : les rognures sont vendues pour engraisser les jeunes veaux.

Des Pains à cacheter transparens et colorés.

Les considérations que j'ai présentées à l'article des pains à cacheter s'appliquent au produit qui nous occupe : le haut prix auquel se maintiennent les pains à cacheter transparens, et conséquemment les bénéfices que donne leur fabrication, doivent engager les fabricans à se livrer à ce genre de travail : cette préparation se fait de la manière suivante :

On forme des feuilles minces en coulant de la colle de poisson, de la colle de Flandre ou toute autre colle animale sur un carreau bien poli ou sur une glace entourée d'une bordure faite avec de petites tringles de bois et enduites de fiel de boeuf ou de toute autre substance propre à empêcher l'adhérence de la colle au verre : il faut employer la colle au degré de consistance convenable pour que les feuilles ne soient que douze ou quinze heures à sécher ; enfin on place les glaces sur une table bien de niveau pour que les feuilles minces de colle aient partout la même épaisseur : douze heures après la coulée, on coupe la feuille en suivant le cadre pour l'en isoler, et on la laisse sécher tout-à-fait, elle se détache elle même de la glace : on découpe alors dans cette feuille de colle même les pains à cacheter de divers diamètres au moyen des emporte-pièces : les rognures se refondent et rentrent dans le travail pour faire les pains à cacheter colorés : la colle se colore soit en y ajoutant des couleurs en poudre, soit avec des dissolutions de bois coloré : enfin on y mêle de l'*aventurine* et d'autres parties chatoyantes pour faire des pains à cacheter d'un aspect particulier : on ajoute enfin dans la colle des jus de fruits, du sucre, des aromates, etc., pour la rendre agréable au goût en évitant toutefois d'employer des principes colorans nuisible à la santé.

Les pains à cacheter fabriqués par ce procédé, ont l'avantage d'être agréables au goût, de cacheter les lettres beaucoup plus solidement que ne le font les pains à cacheter ordinaires, d'être inaltérables, et enfin, plus agréable à l'œil.

Lorsqu'on se sert de fiel de bœuf, pour empêcher l'adhérence de la colle au verre, il est essentiel avant d'employer cette feuille de colle, de la laver avec de l'alcohol rectifié pour enlever la portion de fiel de bœuf qui y adhère, et qui lui donnerait une saveur amère et désagréable.

Des diverses Qualités de Pains à cacheter dans le commerce. On connaît deux qualités principales de pains à cacheter : 1° pains glacés ; 2° pains non glacés, la vue seule suffit pour reconnaître ces deux sortes ; les pains de la première ont une surface lisse brillante, que ne présente jamais ceux de la deuxième, et conséquemment ils sont plus chers que les autres.

Des Pains à cacheter Glacés. Il y a cinq grandeurs principales, n° 1, 2, 3, 4 et 5. Les pains à cacheter, n° 1, se composent de ceux dits *à notaire*, ils sont en général blancs, et ont quinze lignes de diamètre.

N°. 2, ont 12 lignes et sont peu employés.

N°. 3, ont 10 lignes et sont très-en usage.

N°. 4, ont 6 lignes.

N°. 5, ont 4 lignes. Les prix de ces diverses grandeurs ne sont pas les mêmes ; on conçoit en effet, que la matière première étant peu dispendieuse, les frais de main-d'œuvre, sont plus considérables pour les petits pains à cacheter, de sorte qu'à égalité de poids, le prix de ces derniers est bien supérieur : les prix, à la livre, sont d'ailleurs les suivants :

N°. 1..........	1 fr.	80 c.
N°. 2..........	2	50
N°. 3..........	3	50
N°. 4..........	4	50
N°. 5..........	6	50

Des Pains à cacheter non Glacés. Les grandeurs de ces pains à cacheter sont les mêmes que celles indiquées dans le paragraphe précédent ; les prix correspondans aux numéros, sont en commençant par le premier numéro : n° 1, 1 fr. 50 c. ; n° 2, 2 fr. 50 c. ; n° 3, 3 fr. 50 c. ; n° 4, 4 fr. 50 c. ; n° 5, 5 fr.

Des Pains à cacheter Transparens. Ceux-ci ne se vendent point à la livre, mais par boîte contenant environ 100 pains à cacheter ; le prix de ces boîtes est de 1 fr.

Dans le commerce, le sac dans lequel on enveloppe les pains à cacheter vendus, donne à l'instant le numéro de ceux qu'il contient, parce qu'on est dans l'usage de coller à l'extérieur et sur la fermeture, autant de pains à cacheter qu'il y a d'unités dans le numéro qui indique la grandeur. Ainsi trois pains à cacheter, collés sur un sac, dénotent que les pains renfermés, sont du n° 3.

Les *hosties* se vendent au cent, au prix de 80 c. à 1 fr.

NATURE des pains à cacheter.		Diamètre.	PRIX.
Pains glacés....	N° 1	15 l.	1 f. 80 c. la liv.
—	N° 2	12	2 50
—	N° 3	10	3 50
—	N° 4	6	4 50
—	N° 5	4	6 50
Pains non glacés	N° 1	15	1 50
—	N° 2	12	2 50
—	N° 3	10	3 50
—	N° 4	6	4 50
—	N° 5	4	6 »
P. Transparens	N° 1	10	1 fr. la boîte.
—	N° 2	4	2 fr. la boîte.
Hosties............		..	80 c. à 1 f. le 100

SECTION V.

DES SABLES, COLLES ET PINCEAUX.

—

DES SABLES.

Lorsque l'on saupoudre de *sable* une écriture fraîchement tracée, on a pour but d'absorber l'excès d'encre ou, en termes vulgaires, de sécher plus rapidement l'écriture. Ce moyen remplit-il bien le but que l'on se propose? je ne le crois pas. Remarquons, en effet, que le sable étant un corps qui renferme peu ou point de pores, et qui n'est point *fibreux*, ne doit absorber l'humidité que d'une manière très-imparfaite; une autre considération bien plus importante devrait s'opposer à l'emploi de cette substance; le sable s'*éparpille* sur le bureau de celui qui écrit : cet inconvénient, qui aurait d'ailleurs lieu pour toute autre poudre, a ici un effet extrêmement fâcheux; ce sable use et même corrode tous les corps avec lesquels il est en contact, et bientôt le surnuméraire s'aperçoit avec chagrin que le drap de la *manche* du *devant* de son habit montre la *corde* bien avant l'époque fixée pour son renouvellement. Ce désavantage est tellement reconnu, qu'aujourd'hui, dans presque tous les bureaux, la modeste sciure de bois a remplacé le sable destructeur; ce dernier ne se retrouve que sur le bureau de ceux qui, sans se rendre un compte exact de leurs actions, préfèrent l'agréable à l'utile, parce qu'en effet le sable présente à l'œil un aspect plus agréable que la simple poudre roturière.

L'immortel Molière, émerveillé de l'honnêteté d'un malheureux qui lui rapportait une pièce d'or que ce grand comique lui avait donnée par erreur, s'écriait: « Où la vertu va-t-elle se nicher? » Nous pourrions dire ici: Où le luxe va-t-il se nicher, puisqu'on le retrouve jusque dans le moyen de sécher l'écriture? Le sable, tel que nous l'offre la nature, est aujourd'hui dédaigné; on l'a revêtu d'une teinte agréable, et bien que nous ayons exposé plus haut les motifs qui devraient s'opposer à l'emploi de ce corps, l'usage ayant prévalu, j'ai cru devoir tracer, pour le marchand Papetier, les règles à suivre dans la coloration des sables.

Du Sable Bleu.

Ce sable est un véritable silex coloré

par un bleu minéral (oxide de cobalt). On ne le prépare pas artificiellement ; ce n'est qu'un bleu d'azur en poudre grossière ; lorsque l'on a soumis le *safre* mêlé aux cendres gravelées à une forte chaleur, on obtient un produit d'un bleu intermédiaire entre le bleu pâle et le bleu foncé : ce produit est jeté tout rouge dans des baquets pleins d'eau pour l'*étonner* et faciliter sa pulvérisation. On procède ensuite à cette pulvérisation ; la poudre très-fine constitue le *bleu d'azur* ou *bleu d'empois*. Le sable grossier qui n'a pu être tamisé constitue le sable bleu auquel on ajoute ordinairement de l'*aventurine* ; cette dernière substance dont j'ai parlé (à la section des Cires et Pains à cacheter) est une très-belle variété du quartz en roche contenant des paillettes de mica ; elle est ordinairement d'un brun rougeâtre, et les paillettes qu'elle renferme ont une belle couleur d'or : ce sont ces paillettes que l'on mêle au *sable bleu*, aux pains à cacheter transparens, à la cire à cacheter. Les plus belles aventurines nous viennent d'Espagne.

Du Sable Rose.

On fait une décoction de racine de garance ; on y ajoute une petite quantité d'alun, et dans cette eau on jette le sable que l'on veut teindre, puis on ajoute une petite quantité de potasse liquide; enfin on laisse déposer le sable qu'il suffit ensuite de faire sécher à l'étuve ou même au soleil. La teinte rose est plus ou moins foncée selon la dose de garance dont on s'est servi pour faire la décoction.

Du Sable Jaune.

La décoction de gaude, traitée comme nous l'avons dit pour la décoction de garance, teint le sable d'un beau jaune.

Du Sable Vert.

On mêle ensemble diverses proportions de sable jaune et de sable bleu: l'aventurine ajoutée à ce sable lui donne un coup d'œil très-agréable. Les principes que nous avons donnés suffiront pour montrer quelle substance on devra employer pour la coloration quelconque d'un sable: on devra presque toujours faire une décoction de la matière colorante, y ajouter un peu d'alun, verser le sable et précipiter la couleur sur le sable par la potasse liquide; ceux qui connaissent la chimie comprendront facilement que l'on obtient ainsi un sable coloré par la *laque* de la matière qui a servi à teindre.

Des Colles.

La colle la plus simple est la colle de pâte ; on la prépare en délayant de la farine dans l'eau jusqu'à ce que le mélange ne présente aucun *grumeau ;* on met ensuite le vase sur le feu, et on remue continuellement jusqu'à ce que la masse soit en ébullition ; à cet instant la colle est préparée. Cette colle est peu dispendieuse, mais elle se conserve très-peu de tems, et en outre elle a, pour les dessinateurs, un grand désavantage : elle ne sèche que très-lentement.

La *Colle de Parchemin* est plus tenace et sèche plus rapidement que la précédente ; pour la préparer, on prend une livre de parchemin que l'on coupe menu; on le fait bouillir dans six pintes d'eau jusqu'à ce que cette quantité soit réduite à une pinte ; on jette la lie et on évapore jusqu'à consistance de colle : on obtient ainsi, si on a opéré avec soin et avec des parchemins blancs, une colle sans couleur.

La *Colle de Relieur* que l'on demande quelquefois au marchand Papetier, se prépare en mettant sur le feu, de la colle ordinaire à laquelle on ajoute $^1/_4$ ou $^1/_5$ ou $^1/_6$ d'alun réduit en poudre : si on veut que la colle ait encore plus de tenacité, on ajoute une petite quantité de résine pulvérisée.

La *Colle à Bouche*, qui est peut-être la seule colle que l'on trouve chez tous les marchands papetiers, est en plaques rectangulaires d'environ un pouce de large et trois pouces de long; lorsque le marchand ne la prépare pas lui-même, il doit au moins connaître les caractères physiques qui démontrent la bonne qualité de cette colle; ces caractères sont peu nombreux: la colle à bouche de première qualité a une ligne d'épaisseur, est peu cassante et bien transparente: elle doit avoir un goût sucré, agréable et une légère odeur de citron.

La préparation de cette colle est très-simple: on fait dissoudre à chaud de la belle colle de Flandre; lorsque la solution est encore assez liquide, on ajoute une petite quantité de sucre ou de sirop; on passe avec soin, on évapore, et vers la fin de l'évaporation, on ajoute quelques gouttes d'essence de citron; enfin on coule dans des moules légèrement huilés et de la grandeur que j'ai indiquée plus haut.

Des Pinceaux.

Les *Pinceaux* ou *Brosses* employés par le

peintre à l'huile, ne sont pas vendus par le marchand Papetier : leur débit appartient au marchand de couleurs; ainsi, il ne peut être question ici que des pinceaux dont on fait usage pour l'aquarelle : ces pinceaux varient beaucoup pour la qualité, puisque leur prix est d'un sou à six francs, et plus. Le marchand Papetier ne les fabrique pas lui-même ; mais il doit connaître les caractères qui le guideront dans l'appréciation des qualités. Sans parler ici des pinceaux d'une qualité très-inférieure, je remarquerai que l'on connaît les pinceaux faits avec des poils 1° de martre, 2° de petit-gris, 3° d'écureuil.

Les pinceaux de martre sont les plus chers et les plus estimés; 1° en les trempant dans l'eau et les appuyant sur un doigt de manière que les poils de l'extrémité forment un angle avec le tuyau du pinceau, ces poils doivent revenir avec élasticité sur eux-mêmes lorsque l'on cesse cette pression ; 2° ces pinceaux doivent présenter une pointe régulière et parfaite.

Les pinceaux de petit gris peuvent bien former exactement la pointe, mais ils n'offrent le premier caractère indique pour les pinceaux de martre, que d'une manière plus ou moins imparfaite.

Les *Pinceaux d'écureuil* sont presque

toujours rejetés ; je ne les ai cités que parce qu'on les trouve encore quelquefois dans le commerce.

SECTION VI.

DES PAPIERS COLORÉS, A DÉROUILLER, INCOMBUSTIBLES, GLACÉS, POUR L'ÉCRITURE, SOMBRE, TEINTÉ, A CALQUER, GÉLATINE, VÉGÉTAL.

L'INTRODUCTION placée au commencement de ce petit Traité avertit le lecteur que notre but n'a pas été de donner au Papetier un guide manuel dans la fabrication du papier, parce qu'un tel travail demande des détails fort étendus et qui doivent faire le texte d'un Traité *ex-professo:* le travail que nous publions s'adresse particulièrement au marchand de papiers, et ne doit lui servir de guide que dans une partie accessoire de son commerce : il est cependant à remarquer que ce marchand peut quelquefois désirer connaître et mettre en pratique les procédés les plus simples pour la coloration des papiers, la fabrication des papiers glacés, à calquer, etc., etc., et que, dans ce cas, les moyens lui manquent parce qu'il n'a aucun ouvrage qui puisse le guider dans ces sortes d'ouvrages. L'exposé suivant peut lui être de quelqu'utilité et cette seule considération suffit pour motiver cette addition à notre travail.

Des Papiers Colorés.

La fabrication des papiers lorsqu'on la considère sous le point de vue général, est une opération extrêmement simple : il suffit 1° de délayer la matière colorante dans une eau tenant en dissolution une certaine quantité de gomme arabique ; 2° d'ajouter à cette solution une faible quantité de mordant (on désigne sous ce nom une substance qui a de l'affinité pour la matière colorante et pour la matière sur laquelle on applique cette dernière) ; les proportions de gomme et du mordant qui paraissent les plus convenables sont les suivantes :

Eau une livre, gomme quatre onces, alun (sulfate acide d'alumine et de potasse) une demi once.

La dose de matière colorante que l'on doit ajouter à cette solution, varie nécesairement avec la nuance que l'on veut donner au papier : un essai préparatoire est indispensable : on a ensuite une grosse brosse (semblable à celle que l'on emploie pour coucher les vernis) que l'on trempe dans la couleur et que l'on promène sur le papier : on est presque toujours obligé de donner deux couches, surtout pour les couleurs foncées, mais on ne doit appliquer la deuxième qu'après la dessication complète de la première. Ces considérations nous montrent qu'il y a deux parties à connaître dans la coloration des papiers, 1° le choix du papier ; 2° la nature des matières colorantes et le choix à faire de la couleur à employer.

Il est impossible de donner une règle générale pour guide dans le choix des papiers; car ce choix est subordonné à la volonté du fabricant et ensuite au prix que l'on veut donner à ces papiers : on peut cependant remarquer qu'il est indispensable que le papier soit épais et bien collé parce qu'alors les couleurs sont plus belles, plus vives, et le papier présente moins de taches lorsqu'il est coloré.

Nous avons vu que les matières colorantes sont : 1° inorganiques (de nature minérale) par exemple les oxides et les sels métalliques insolubles ; 2° organiques (de nature végétale ou animale) : ces dernières sont plus altérables, mais on doit les préférer dans l'opération qui nous occupe, parce qu'elles ont ici un grand avantage, celui d'être souvent solubles dans l'eau, conséquemment de pouvoir s'étendre exactement et de former une nuance uniforme, but que l'on n'atteint que d'une manière imparfaite avec les couleurs inorganiques.

Le séchage qui s'exécute immédiatemment après la coloration des papiers est encore un objet d'une grande importance : il doit se faire avec le plus grand soin, parce que de lui dépend la beauté, l'homogénéité et l'*uni* du papier coloré. Le séchage se fait comme celui qui est en usage pour toute espèce de papier, c'est-à-dire que l'on porte le papier dans une chambre que l'on nomme *étendoir* dans les fabriques ; qu'on le place sur des cordes qui forment trois rangées attachées à des chevrons percés de distance en distance ; cet *étendoir* doit être exposé au grand air et avoir un très-grand nombre de fenêtres pour que le papier y sèche très-rapidement, c'est-à-dire en deux ou trois jours : on doit fermer cet étendoir pendant la nuit, et dans le jour lorsqu'il pleut ou que le vent est trop violent.

Lorsque les feuilles sont sèches, on les retire de dessus les cordes et on les soumet à l'action d'une presse : si on veut préparer du papier coloré *lisse* on doit choisir une belle espèce de papier, le colorer et le sécher ensuite à la manière ordinaire, le soumettre pendant dix ou douze heures à une forte presse, et enfin le *lisser*.

Ce lissage se fait sur une table assez large et recouverte d'un cuir (ordinairement de mouton); l'instrument dont on se sert est généralement une pierre à fusil de trois à six pouces de long, de deux et demi de large et d'un pouce d'épaisseur : la base est taillée en forme de plan incliné pour glisser plus aisément sur le papier, et le haut de la pierre qu'on tient dans la main à une forme ovale. On déplie chaque feuille de papier sur le cuir; puis on passe fortement, et à plusieurs reprises, le lissoir sur le côté coloré de la feuille (souvent même sur les deux faces) le papier doit encore être soumis à l'action de la presse pendant douze heures.

Du Papier Jaune.

Nous avons vu précédemment que dans toute coloration de papier le véhicule de la matière colorante était une eau contenant le quart de gomme arabique et le trente-deuxième d'alun : on se sert dans le cas particulier qui nous occupe d'une infusion de graine d'Avignon en variant la proportion de cette dernière suivant la teinte que l'on veut obtenir : on met ordinairement deux onces de graines pour une livre d'eau : quelquefois on emploie le souchet des Indes infusé dans l'esprit-de-vin, et on y ajoute même du sang-dragon, surtout si l'on veut avoir une couleur plus foncée.

Du Papier Vert.

On se sert de la graine de nerprun bouillie dans l'eau gommée et alunée : on peut également se servir d'une dissolution de vert-de-gris dans du vinaigre, ou, ce qui donne le même résultat, d'une dissolution de verdet cristalisé dans l'eau.

Du Papier Bleu.

On colore d'abord le papier en vert par l'une des méthodes que nous venons d'indiquer : on met ensuite quatre onces de tournesol en pain avec environ deux livres d'eau, dans laquelle on a jeté une once de chaux éteinte, on fait bouillir le tout pendant une heure, on passe et on emploie ce mélange à la manière ordinaire.

Du Papier Rouge.

On prend quatre onces de bois de Brésil, que l'on fait bouillir pendant un quart d'heure dans deux livres d'eau ; on ajoute ensuite une once d'alun, huit onces de gomme arabique et on laisse encore bouillir la liqueur pendant un quart d'heure : on passe avec expression et on étend ce mélange avec la brosse, comme nous l'avons dit.

Du Papier Marbré.

On met de l'eau bien claire et bien pure dans un vase à large ouverture ; le point essentiel est de gommer cette eau au degré exactement nécessaire ; car de ce degré exact, dépend non-seulement le coup d'œil du papier, mais même la réussite de l'opération ; on ne peut y parvenir que par essai et en tâtonnant : dans une quantité d'eau représentée par la capacité d'un seau ordinaire, on jette une demi-livre de gomme adraganthe et on laisse infuser cinq à six jours, en ayant soin d'agiter de tems en tems; car cette gomme ne se dissout que très-difficilement : on passe ensuite cette eau à travers un linge, pour en séparer les impuretés que la gomme contient ordinairement, puis on essaie, avec de la couleur préparée, comme nous le dirons plus bas, si l'eau est suffisamment gommée; à cet effet, on trempe légèrement le bout d'un pinceau dans la couleur et on le secoue sur la surface de l'eau, de manière à n'y faire tomber que de très-petites gouttes de couleur : on remarquera si ces gouttes surnagent, si elles s'étendent de manière à former des yeux, ou cercles un peu grands, à proportion de leur volume, de la largeur, par exemple, d'un écu de six livres; c'est une preuve que la couleur nage bien; si, au contraire, ces gouttes ne font que de petits yeux, c'est une marque qu'il n'y a pas suffisamment de gomme dans l'eau; alors il faut en mettre un peu, jusqu'à ce que l'on s'aperçoive que les couleurs s'étendent bien; mais si les couleurs s'étendent par trop sur la surface de l'eau, c'est une preuve qu'il y aura trop de gomme dans l'eau; alors il faut nécessairement remettre un peu d'eau pour rendre la solution moins gommeuse, car c'est, comme nous l'avons dit, de ce degré précis de l'eau bien gommée, que dépend la beauté du papier marbré.

Pour former les marbrures, il faut employer des couleurs qui aient été broyées sur le marbre; plus elles seront fines et bien broyées, meilleures elles seront : on délaye cette poudre dans de l'eau claire et commune à laquelle on mêle un peu de fiel de bœuf, qui lie la couleur mieux que ne le ferait l'huile, qui rend le mélange léger, et lui donne une grande facilité à s'étendre sur l'eau gommée : on doit ne mettre que la quantité exactement nécessaire de fiel de bœuf; s'il n'y en a point assez, les yeux ou cercles ne deviennent point assez grands; ainsi il faut que les couleurs et l'eau gommée soient préparées au point nécessaire pour obtenir un bon effet : on broye toutes les couleurs de la manière indiquée plus haut, en les mettant chacune dans un vase à part. Il est essentiel de remarquer que le vert-de-gris seul (sous-acétate de cuivre), ne donne pas une belle couleur verte; on y unit un peu de massicot (oxide jaune de plomb); enfin, le cinabre étant plus lourd que toutes les autres couleurs, on doit, en le préparant, le mêler à une proportion plus considérable de fiel de bœuf, afin qu'il surnage comme les autres couleurs.

Tout étant préparé pour faire le papier marbré, on met l'eau gommée dans un grand vase en bois de chêne, carré, un peu plus grand que les feuilles de papier que l'on veut préparer, et qui n'ait que cinq ou six pouces de profondeur; on le place sur une table, et on le remplit d'eau gommée à un pouce près; ensuite on jette avec un pinceau, sur la surface de l'eau, la couleur qui doit former le fond de la marbrure, par exemple *du bleu*; on voit d'abord la couleur se disperser sur toute la surface de l'eau, ensuite on jette sur ce fond, de la couleur jaune, que l'on verra s'étendre et former de grands cercles à proportion de la grosseur des gouttes de couleur; ensuite on jettera de la couleur rouge, et l'on verra toutes ces gouttes s'étaler de moins en moins; à mesure que le nombre des couleurs augmentera, comme toutes ces couleurs ainsi jetées ne se mêleraient pas assez bien pour bien imiter le marbre, on aura un verre d'eau dans lequel on aura mis deux petites cuillerées de fiel de bœuf; on y trempera l'extrémité d'un pinceau et on le secouera sur les couleurs qui surnagent dans le baquet, de manière à faire tomber cette liqueur en petite pluie fine, en en frappant légèrement le pinceau, et par secousses, sur un bâton que l'on tient de l'autre main : cette liqueur éparpille les couleurs qui forment alors, comme au hasard, des veines et des marbrures singulières. Lorsque les marbrures paraissent bien disposées et telles qu'on les désire, on prend une feuille de papier blanc bien sec, on la pose doucement sur la surface de l'eau, on presse cette feuille légèrement avec les mains aux endroits où l'on remarque que le contact n'est pas immédiat ; le papier saisit toutes les couleurs qui sont à la surface de l'eau, ces dernières se fixent solidement ; on doit ensuite retirer la feuille de papier avec adresse, la placer sur un petit châssis de lattes, un peu incliné ; l'eau excédante s'écoule sans rien changer à la disposition des couleurs ; on met ensuite les feuilles sur des ficelles, on les fait sécher à l'ombre et non au soleil, car les rayons de cet astre altèrent les couleurs.

Pour marbrer une seconde feuille, on recommence la même opération qui est de jeter d'abord des couleurs sur l'eau gommée ; mais pour que les feuilles soient semblables pour la marbrure, il faut suivre exactement le même ordre dans la distribution des couleurs, en commençant par exemple par *le bleu*, comme on a fait pour le fond, ensuite *le jaune*, *le rouge*, dans l'ordre adopté pour la première feuille.

Lorsqu'on a les couleurs, le papier, l'eau gommée, tout préparés sous la main, l'opération se réduisant alors à jeter les couleurs et à tremper le papier, va assez vite, puisque l'on peut faire environ $^1/_2$ rame de papier par jour.

On peut, en suivant cette méthode et en étudiant les couleurs, imiter des marbrures de telles couleurs que l'on voudra; si, au contraire, on veut faire des papiers de fantaisie, avoir des bigarrures particulières et au hasard, on prend un petit râteau large de quatre à cinq pouces, que l'on passe sur la surface de l'eau gommée; on obtient une variété infinie, et il se forme, dans ces marbrures, des veines d'une ténuité prodigieuse.

L'opération qui succède à la précédente est le polissage du papier, pour donner de l'éclat et de la vivacité aux couleurs : à cet effet, on étend les feuilles de papier sur un porphyre, et avec un morceau de verre ayant la forme d'un champignon, on frotte du côté marbré le papier qui acquiert alors beaucoup d'éclat.

Du Papier à Dérouiller.

Ce papier, qui est extrêmement utile dans plusieurs circonstances, peut être préparé facilement par tous les marchands de papiers ; on fait d'abord une eau gommée dans les proportions de :

Eau................ 1 livre.
Gomme............ 2 onces.

on choisit un papier très-fort et on l'imprègne de cette liqueur gommeuse ; on saupoudre ensuite avec un mélange fait à parties égales d'émeril, de limaille de fer et de verre pulvérisés grossièrement ; lorsque cette poudre est bien amalgamée avec le mordant, on passe par-dessus une brosse, afin de rendre la surface plus unie, de sorte qu'une des deux faces de ce gros papier paraît former une espèce de chagrin.

Du Papier Incombustible.

On ne connaît pas encore le moyen de rendre le papier incombustible ; ainsi le titre de cet article n'est pas exact; mais je dois remarquer que l'on désigne sous ce nom un papier qui brûle avec beaucoup de difficulté, et auquel cette propriété donne souvent de l'importance; la manière de le préparer est très-simple : on fait dissoudre une partie d'alun (sulfate d'alumine et de potasse), dans trois parties d'eau, et on passe du papier ordinaire deux fois dans cette dissolution bouillante : on opère ensuite la dessication de ce papier à la manière ordinaire.

Du Papier Glacé pour l'Ecriture.

On donne quelquefois au papier à écrire un vernis brillant particulier qui le fait rechercher; la préparation de ce glacé est assez simple et mérite de trouver place dans l'ouvrage qui nous occupe : on choisit un papier d'une moyenne épaisseur, bien lisse, sans taches, sans poils ou filandrures : on l'étend sur une planche bien droite et bien unie, puis à l'aide d'une pate de lièvre, on le recouvre d'une couche mince et bien égale de sandaraque en poudre impalpable : on continue ensuite l'opération de la manière suivante, et pour plus d'exactitude, je supposerai que l'on veuille glacer ainsi une rame de papier : on dissoudra, à l'aide de la chaleur, 8 onces d'alun de roche et 1 once de sucre candi bien blanc, dans 6 pintes d'eau ; et lorsque la liqueur ne sera plus que tiède, avec une éponge fine on en humecte le côté des feuilles qui a été recouvert de sandaraque, puis on met les feuilles en tas, chaque feuille étant exactement placée sur les autres ; on soumet ensuite la masse à l'action d'une forte presse pendant 12 heures : on suspend ensuite les feuilles séparément, sur des cordes, dans un séchoir, on les remet en presse pendant quelques jours pour les bien redresser, et enfin on bat ces feuilles en paquets à la manière ordinaire : on ne peut guère employer ce papier que trois mois après sa préparation.

Du Papier Sombre ou préparé pour les Dessinateurs.

Les dessinateurs recherchent souvent ce papier qui leur épargne quelquefois beaucoup de travail, parce que la couleur sombre qu'il affecte les dispense en grande partie de la fixation des ombres : on le prépare en choisissant de bon papier vélin à dessiner, en passant dessus une éponge très-fine, imbibée d'eau imprégnée de suie, et en opérant la dessication comme nous l'avons dit plus haut.

Du Papier Teinté.

Le papier que les dessinateurs connaissent sous ce nom, varie, c'est-à-dire peut être d'une infinité de nuances. Pour le préparer, on passe sur du papier blanc une couleur très-légère qui change le brillant du papier, et qui donne ensuite aux *clairs* du dessin, plus de relief et plus de vivacité.

Des Papiers à Calquer.

Un papier à calquer est un papier extrêmement précieux pour les dessinateurs, surtout s'il réunit toutes les conditions voulues pour calquer facilement. Ces conditions sont : 1° d'être à bon marché, 2° d'être très-transparent, 3° d'être souple, c'est-à-dire de ne pas se casser facilement ; mais il est presque impossible de réunir ces trois conditions à un haut degré.

Les dessinateurs connaissent quatre espèces de papier à calquer ; 1° le papier huilé; 2° le papier verni; 3° le papier gélatine; 4° le papier végétal : l'ordre dans lequel je les ai indiqués est à peu près celui de leur bonté, et par conséquent celui de leur cherté.

Cependant, telle qualité prédominera dans l'un de ces papiers et sera peu marquée dans un autre : par exemple, le papier vernis est bien transparent; mais est extrêmement cassant, tandis que le papier végétal, qui est très-souple, présente une transparence bien moins parfaite que le papier vernis : c'est à l'artiste qu'il appartient de choisir celui qui répond le mieux aux indications qu'il se propose de remplir.

Du Papier Huilé.

Il est plus commun, et par suite le moins cher des papiers à calquer, il est assez souple, mais n'est pas très-transparent : pour le préparer, on choisit un papier doux et uni (celui que l'on préfère est en général le *papier serpente*), on l'humecte avec une composition de deux parties d'huile de noix et d'une partie d'essence de térébenthine; la manière d'opérer est comme suit;

Sur une table bien unie, on dispose une feuille de carton que l'on recouvre d'une feuille de papier; sur cet appareil on étend deux feuilles du papier que l'on veut *huiler*; il suffit alors d'employer une couche de la composition huileuse indiquée plus haut, pour imbiber ces deux feuilles de papier serpente : cette disposition se répète pour un nombre de feuilles à volonté; le tout est ensuite placé entre deux cartons et soumis à l'action d'une forte presse, pendant deux ou trois jours, pour que l'huile sèche complétement.

Du Papier Verni.

Ce papier, dont j'ai exposé plus haut les qualités et les défauts, se prépare en plongeant du papier bien uni dans un vernis ordinaire, peu coloré, et séchant ensuite à la manière ordinaire.

Du Papier Gélatine ou Papier Glacc.

Ce papier qui est plus cher, mais aussi plus estimé que le papier verni, est assez transparent, un peu cassant, mais bien moins que le précédent; sa préparation se fait de la manière suivante. On prend de la belle gélatine (celle qui provient des pieds de veau est la meilleure) ou colle de parchemin : sur une livre de cette gélatine, on verse vingt livres de belle eau de rivière ; on fait bouillir, et la dissolution s'opère en ajoutant de nouvelle eau pour remplacer celle qui s'évapore : il faut que l'ébullition dure au moins six heures afin que la gélatine ne gonfle plus ; on passe ensuite dans un linge serré.

Lorsque la liqueur est refroidie au point d'y pouvoir plonger la main, on procède au coulage : on a une table en cuivre jaune bien dressée et bien polie, ainsi qu'un rouleau du même métal qui doit être lui-même parfaitement cylindrique et uni : on incline légèrement la table, et au moyen d'un réchaud placé au-dessous, on porte sa température à environ 20°, ce que l'on fait également pour le rouleau en le tenant plongé dans une eau marquant aussi 20° : on verse la gélatine sur la table en agitant légèrement cette dernière pour répandre la liqueur d'une manière uniforme; alors on applique le rouleau et on le fait marcher également et sans secousse ; il se forme sur la table une feuille mince de gélatine qui y adhère un peu ; avant le refroidissement total, on soulève la feuille par un coin, et on l'enlève avec précaution comme une feuille imprimée sur la presse ; on conçoit bien qu'une pareille opération demande de l'adresse, de l'habitude, et un certain tour de main ; la feuille étant enlevée, pour empêcher qu'elle ne se crispe ou gauchisse, on la porte sur une glace polie, on la recouvre d'une autre glace et on la laisse refroidir complétement : elle est alors assez souvent peu transparente, parce que la surface présente des rugosités qui produisent des réflexions croisées de lumière, et que l'on détruit en les plongeant rapidement dans de l'eau froide de la manière suivante :

Les seuls instrumens nécessaires sont une tringle fendue et un baquet contenant de l'eau très-froide. On prend deux, trois, quatre ou cinq de ces feuilles, et on les engage par leur extrémité dans les fentes de la tringle, de manière qu'elles restent perpendiculaires. On les plonge alors avec précaution dans l'eau froide du baquet, afin que l'effet ne soit pas trop prompt. On relève de suite la tringle, si les rugosités ont disparu. L'opération est terminée ; dans le cas contraire, on replonge de nouveau ces feuilles ; quand on croit l'effet obtenu, on place la tringle de manière que les feuilles restent toujours dans la position perpendiculaire, et dans cet état, on attend la dessication presque complète de ces feuilles que l'on place ensuite entre deux glaces polies pour qu'elle ne gauchissent point et achèvent de se sécher. Cette opération, nous le répétons, demande beaucoup d'adresse, mais on est bien payé de son travail, puisqu'une livre de gélatine peut donner une centaine de feuilles de papier.

Du papier végétal. Ce papier est le plus estimé et le plus cher des papiers à calquer. Sa préparation est encore un secret.

SECTION VII.

DES FORMES ET DES MESURES DES DIVERS PAPIERS BLANCS.

La connaissance des papiers est, comme nous l'avons remarqué dans notre introduction, très-difficile à acquérir; il faut beaucoup d'étude et une grande expérience pour pouvoir reconnaître si un papier est de bonne qualité; on doit examiner s'il est d'une pâte bien pure, bien broyée et également étendue dans la feuille, sans nuage, sans ombre, sans nœuds, sans plis ni rides, sans pailles ni rouille, sans graviers, poussière ni abreuvoir, sans gouttes d'eau, ni tache de colle ou autre. Un bon marchand de papier distingue, au premier coup d'œil, le format; au tact d'une feuille, le poids de la rame; au froissement ou à la langue, la qualité ou le degré de colle; à l'odeur, son genre de fabrication, trituré ou pilé; au blanc, s'il est naturel ou blanchi à l'aide du chlore; à la pâte, sa qualité; aux pontuseaux vergures, et à l'ensemble de la fabrication de quelle fabrique il est; s'il est français, belge, hollandais, anglais, etc.

Le papier sortant de fabrique est enveloppé par rames; la rame contient 500 feuilles, et est divisée en vingt mains de 25 feuilles. Le papier fin se compte quelquefois par 50 cahiers de 10 feuilles; la rame de Hollande, n'a que 480 feuilles, les mains sont de 24, et les cahiers de 12; les mains de corde de dessus et de dessous contiennent les feuilles défectueuses de la rame; les papiers de Hollande surtout, portent cet usage à un tel point, que souvent il n'y a pas lieu à compter sur une seule bonne feuille de ces mains.

Pour faciliter l'usage du petit nombre de règles que nous avons pu donner sur le choix des papiers, nous donnerons ici le tarif des dimensions et poids que doivent avoir les papiers de France.

TARIF des Dimensions et Poids des Papiers de France.

DÉNOMINATIONS.	DIMENSIONS. Largeur.		DIMENSIONS. Hauteur.		POIDS.		
	pouces.	lignes.	pouces.	lignes.			
Grand Monde...............	43	«	31	3	de 215	à	« livres
Grand Aigle...............	36	6	24	9	131		140
Grande fleur de Lys.......	31		22		72		
Colombier.................	31	6	21	3	90		
Grand Chapelet............	31	9	22		66		
Chapelet..................	29		20	3	60		
Grand Jésus...............	25		19	6	51	à	53
Petite fleur de Lis.......	24		19		36	à	38
Grand Lombard.............	24	6	20		34		

Grand Royal..............	22	8	17	10	32 à 33
Royal..................	22		16		
Petit Royal.............	20		16		22
Grand Raisin double........	22	8	17		35 à 38
— simple........					26 à 28
Lombard................	21	4	18		24
— ordinaire ou Grand Carré.	20	6	16	6	21 à 22
Cavalier................	22	«	17	4	23
Double Cloche............	21	6	14	6	18
Serpente................	20	«	12	15	
Grande Licorne à la Cloche..	19		12		12
A la Cloche..............	14	6	10	9	9
Carré double.............					26 à 27
— simple..............					17 à 18
— très-mince..........	20		15	6	13 et au-dessous.
Coquille................					13 à 15 liv.
— mince..............					10

Suite du *TARIF des Dimensions et Poids des Papiers de France.*

DÉNOMINATIONS.	DIMENSIONS. Hauteur.		DIMENSIONS. Largeur.		POIDS.
	pouces.	lignes.	pouces.	lignes.	
Joseph	20	6	15	»	de » à » liv.
Écu	19		14	2	21
— simple					16 à 17
— très-mince					11 et au-dessous.
Grand Cornet double	17	9	13	6	14
— mince					12
A la Main	20	3	13	6	13

Couronne, ou Griffon double.	17	1	13		14
— mince.....					12
— très-mince..					7 et au-dessous.
Champy, ou Bâtard.........	16	11	13	2	11 à 12
Tellière double.............	17	4	13	2	14
— simple............					12
Bâton Royal, ou Petit Cornet.	16		12		10
Cartier, grand format......	16		12	6	13
— petit format.......	15	1	11	6	11 à 12
Pot, ou Ecolier............	14	6	11	6	10
Pigeonne, ou Romaine.....	15	2	10	4	10
Le Lis....................	14	1	11	6	8 à 9
Petit à la main............	13	8	10	8	8

Les sortes au-dessous de ces dimensions, ainsi que la *main brune*, le *brouillard*, les *papiers gris* varient de poids et de dimension, selon la volonté des fabricans ou des consommateurs; enfin, on fait à la mécanique des papiers de longueur indéfinie; mais ils ne sont d'aucun usage, si ce n'est lorsqu'ils ont été coupés en feuilles, d'après les dimensions demandées, nous renvoyons d'ailleurs pour de plus amples détails, aux ouvrages spéciaux sur la papeterie. Il est cependant une sorte de papier qui présente plus d'importance, ce sont les papiers à dessins, pour le lavis, pour faire les plans d'architecture, etc.; parce que ce genre de papier est celui dont la vente est la plus lucrative. Nous pensons que les données suivantes pourront être de quelque utilité au marchand papetier, surtout s'il est dans une ville de province, éloignée des grands entrepôts de papier. Les prix que nous indiquerons, sont ceux de Paris.

Des Papiers pour le Lavis.

On se sert particulièrement du papier : 1° grand aigle, 2° colombier; il existe deux principales fabriques qui fournissent presque toute la France, ce sont 1° la fabrique Horne, dont les papiers sont timbrés *Kool et compagnie*, *Vanderley*, (ce dernier est peu employé), *Fellows*; 2° la fabrique *Charles Wisc*, dont les espèces sont timbrées de ce nom.

Du Papier-Grand Aigle. On connaît deux sortes de papier, dit grand-aigle, 1° le grand-aigle *vélin*, dont l'aspect est uni, un peu grénu; et dont les prix varient de 1 fr. à 1 fr. 50 c. la feuille; 2° le grand aigle *Vergé*, qui présente les côtes, les lignes du moule et dont les prix sont de 40 c., 50 c., 60 c., 75 et 90 c. la feuille.

Du Papier Grand-Colombier. Ce papier se divise également, 1° en colombier *vélin*, dont le prix est ordinairement 90 c. la feuille; 2° le colombier *vergé*, dont le prix est de 50 c. la feuille.

Du Papier demi Grand-Aigle. Ce papier n'étant que le grand-aigle divisé en deux; on conçoit que ces dimensions et son prix, sont exactement la moitié du grand-aigle. Viennent ensuite, comme les plus employés pour le lavis, les papiers *grand-jésus*, *grand-raisin*, double et simple, carré, etc., etc., dont les prix varient de 10 à 40 c. la feuille. (*Voyez* pour les dimensions de ces papiers le tableau ci-dessus.)

Des Papiers anglais pour le Lavis.

Tous les papiers anglais, employés aujourd'hui en France pour le lavis, sont connus sous le nom de *papier Wathmann :* il faudrait probablement en conclure que c'est jusqu'à présent la seule fabrique qui fournisse la France.

Il y a des papiers Wathmann, depuis 25 c., jusqu'à 6 fr., dans l'ordre suivant: 25 c., 40 c., 60 c., 75 c.; 1 fr., 1 fr. 25 c., 1 fr. 75 c., 2 fr. 50 c.; 6 fr. le papier à 2 fr. 50 c., est le grand-aigle anglais, qui diffère de notre grand-aigle vélin, en ce qu'il est plus satiné, et que la surface en est un peu *grasse;* il est d'ailleurs d'une qualité supérieure.

Au-dessus du grand-aigle anglais, on fabrique encore une espèce de papier vélin, plus grand sur chaque sens, d'environ 15 centimètres (5 pouces 6 lignes et demie) que le grand-aigle; cette seule différence en fait monter le prix à 6 fr. C'est le meilleur et le plus grand de tous les papiers anglais connus en France.

FIN.

TABLE

DES MATIÈRES.

SECTION III.

Pages.

SECTION IV.

SECTION V.

DES SABLES, COLLES ET PINCEAUX.

Pages.

DES PINCEAUX.

SECTION VI.

SECTION VII.

FIN DE LA TABLE.

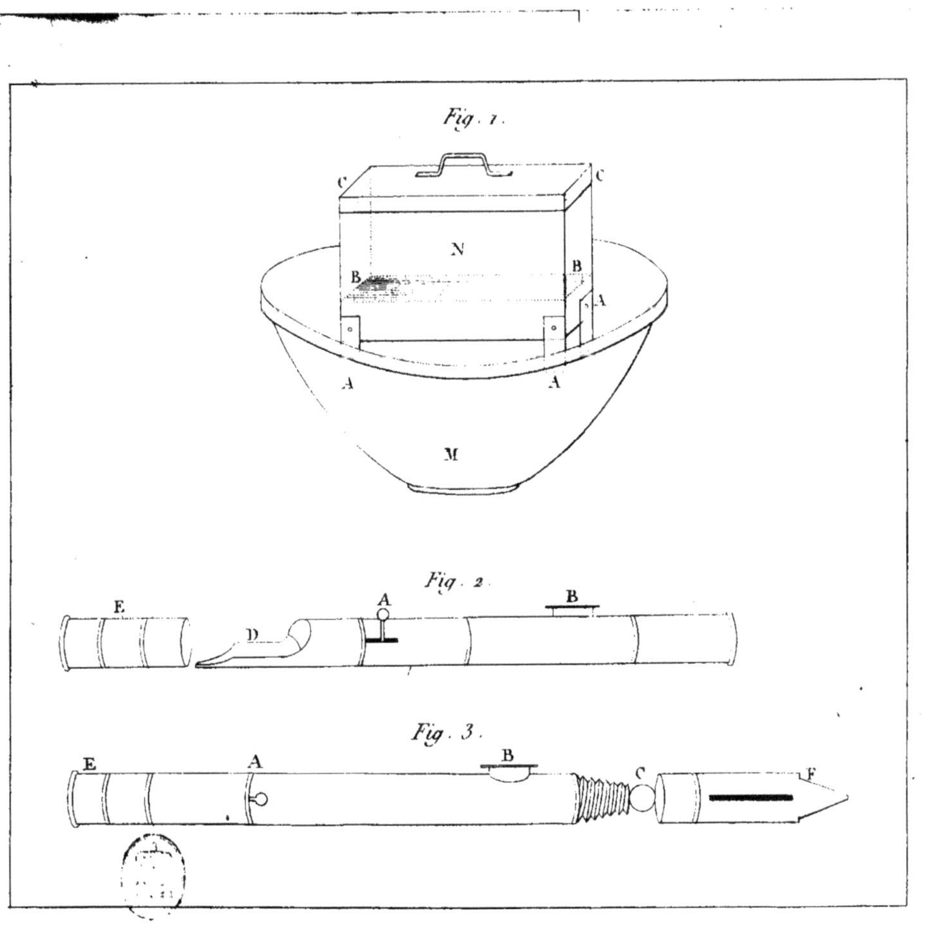

Fig. 1.
C
C
N
B
B
A
A
A
M
Fig. 2.
E
D
A
B
Fig. 3.
E
A
B
C
F

www.ingramcontent.com/pod-product-compliance
Ingram Content Group UK Ltd.
Pitfield, Milton Keynes, MK11 3LW, UK
UKHW022027170726
13837UKWH00001B/448

9 782329 583389